土 質 力 学 II

大 島 昭 彦

はじめに

　本書は，著者が勤めていた大阪公立大学（旧大阪市立大学）工学部都市学科（旧都市基盤工学科，旧土木工学科）の学生を対象にした土質力学Ⅱ（地盤内応力，土のせん断強さ，斜面安定を対象）のテキストを改めて教科書としてまとめ直したものです。本テキストの内容は私の恩師である高田直俊先生（大阪市立大学名誉教授）の講義資料を基に再編成したものとなっています。授業内容の理解を深めるために各章に例題を掲載しています（巻末に解答を掲載）。また，各章ごとの理解度を確認するための演習問題を付けています。この演習問題は山田卓先生（大阪公立大学都市学科准教授）の協力を得ました。なお，土質力学Ⅱの内容の内，特に土のせん断強さについては，土の強度定数を求めるためのせん断試験とペアとなるので，授業では副読本として地盤工学会出版の「土質試験−基本と手引き−」（著者が編集委員長）を併用することを前提にしているので，同時に購入して下さい。

　周知のように，地球上の全ての土木・建築の構造物は地盤上または地盤中に建てられるので，いくら素晴らしい構造物であってもそれを支える地盤がしっかりしていないと存続できません。地盤・土は基本的に自然が作ったもので，多種多様（様々の種類の土が様々の状態にある）で，不均質に存在するので非常に複雑です（そこが面白いところですが）。そのための地盤・土の力学を学ぶのが土質力学です。土質力学は土の物性と地盤の力学を両輪として組み立てられた科目で，都市工学の中で必須の内容です。本科目は既に刊行している土質力学Ⅰ（土の成因と分類，土の状態量，土の締固め，土の透水・浸透，土の圧密を対象）を基にして，地盤内応力，土のせん断強さ，斜面安定を対象として地盤の力学的な取り扱い方を修得することを目標としています。

　なお，土質力学Ⅰと土質力学Ⅱは最終的には合体して「土質力学」として，今後出版する予定にしている。そのため，本書の章立ては土質力学Ⅰから続く第7章から開始しています。

2024年2月1日

大島昭彦

目　次

第7章
地盤内応力

　本章では，まず，地盤内応力の定義，地盤内応力算定の基となる集中荷重によるブーシネスクの解について説明する。次に，分布荷重による地盤内応力増分の算定方法として，等分布線荷重，帯状荷重，台形帯状荷重（オスターバーグの図表），長方形荷重（ニューマークの図表），円形荷重による鉛直応力増分の算定方法について説明する。さらに，圧力球根，荷重分散法による鉛直応力増分のケーグラーの近似解を説明する。なお，この地盤内応力は，盛土荷重の荷重分散による圧密検討などにも用いることになる。

平板載荷試験による荷重載荷状況

7.1 地盤内応力とは

　地盤内応力（地中応力）には，土の単位体積重量のよる自重，浸透力，および上載荷重が関わり，全応力，間隙水圧，有効応力の3種類の応力がある（**土質力学Ⅰ 3.3参照**）。ただし，土の挙動を決めるのは有効応力である。本章では上載荷重による地盤内応力の変化を扱う。

　地盤の表面あるいは内部に荷重が作用したときに地盤内に生じる応力を知ることは，構造物の沈下や変形を算定する上で必須事項であるが，土の弾性定数（ヤング率E，ポアソン比νなど）が容易に求められない上に，それらが応力あるいはひずみ依存性のある非線形であるので，地盤内応力状態を正しく算定することは事実上困難である。そのため，多くの場合は土を弾性体や弾塑性体で近似して有限要素法（FEM）で応力を算定し，あるいはこうして求めた解を実験や実測結果を用いて補正する方法が採られている。ここでは，一般解が求められている弾性体で近似する場合を説明する。

7.2 集中荷重による地盤内応力増分

　土質力学，地盤工学では構造物荷重による応力を問題にすることが多いので，**Boussinesq（ブーシネスク）**による地盤内応力による解を用いることが最も多い。この解は地盤を半無限弾性体と仮定して，**図-7.1**に示す円筒座標（地表面からの深さz，荷重作用点からの半径r（$=\sqrt{x^2+y^2}$）による座標）で，地表面に作用する鉛直集中荷重Pによって生じる荷重作用点からの最短距離R（$=\sqrt{z^2+r^2}$）における鉛直応力増分$\Delta\sigma_z$と水平応力増分$\Delta\sigma_r$，$\Delta\sigma_\theta$，せん断応力増分$\Delta\tau_{rz}$は次式で算出できる（νはポアソン比）。

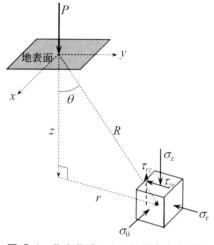

$$\Delta\sigma_z = \frac{3Pz^3}{2\pi R^5} \tag{7.1}$$

$$\Delta\sigma_r = \frac{P}{2\pi R^2}\left\{\frac{3r^2 z}{R^3} - \frac{(1-2\nu)R}{R+z}\right\} \tag{7.2}$$

$$\Delta\sigma_\theta = \frac{(1-2\nu)P}{2\pi R^2}\left(\frac{R}{R+z} - \frac{z}{R}\right) \tag{7.3}$$

$$\Delta\tau_{rz} = \frac{3Prz^2}{2\pi R^5} \tag{7.4}$$

図-7.1 集中荷重による地盤内応力増分

　ここで，地盤内応力増分は土の弾性定数に無関係で，かつ式(7.1)の鉛直応力増分$\Delta\sigma_z$はポアソン比νにも無関係で，深さzと半径rのみで決まる。ただし，この解は地盤の自重は考慮していない。

　ここでは，土質力学，地盤工学の問題で最も多く必要とされる**鉛直応力増分$\Delta\sigma_z$**のみを取り上げる。

　なお，式(7.1)は，$\cos\theta=z/R$であるので，次式のように表すこともできる。

$$\Delta\sigma_z = \frac{3P}{2\pi z^2}\cos^5\theta \tag{7.5}$$

また，三次元座標(x, y, z)では，$R=\sqrt{x^2+y^2+z^2}$であるので，式(7.1)は次式のように表すこともできる。

$$\Delta\sigma_z = \frac{3P}{2\pi}\frac{z^3}{(x^2+y^2+z^2)^{5/2}} \tag{7.6}$$

さらに，式(7.1)で$r=0$，すなわち集中荷重Pの直下では次式となる。

$$\Delta\sigma_z = \frac{3P}{2\pi z^2} = 0.4775\frac{P}{z^2} \tag{7.7}$$

　ここで，集中荷重が点在する場合には，それぞれの$\Delta\sigma_z$を別々に求め，足し合わせばよい（重ね合わせの原理による）。7.3の分布荷重についても同様な考え方による。

例題7.1　右図に示すように水平な地表面上にA，B，C点がある。各点間の距離が10mで，それぞれ20tfの集中荷重が作用している。B点直下5mの深さにおける鉛直応力増分$\Delta\sigma_z$を求めよ。

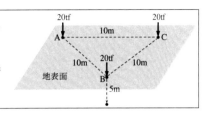

7.3　分布荷重による地盤内応力増分

7.3.1　等分布線荷重による鉛直応力増分

　図-7.2に示すような無限長の等分布線荷重q (tf/m)が働いている場合は，$P=q\cdot dy$としてyを$-\infty$から$+\infty$まで重ね合わせれば（積分すれば），鉛直応力増分$\Delta\sigma_z$は次式から求めることができる。

$$\Delta\sigma_z = \int_{-\infty}^{\infty} \frac{3qz^3}{2\pi R^5}\,dy = \frac{2qz^3}{\pi r^4} = \frac{2q}{\pi z}\cos^4\theta \tag{7.8}$$

または

$$\Delta\sigma_z = \int_{-\infty}^{\infty} \frac{3q}{2\pi} \frac{z^3}{(x^2+y^2+z^2)^{5/2}}\,dy = \frac{2q}{\pi} \frac{z^3}{(x^2+z^2)^2} \tag{7.9}$$

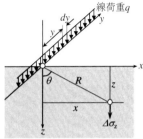

図-7.2　線荷重による鉛直応力増分

7.3.2　帯状荷重による鉛直応力増分

(1)　帯状荷重による鉛直応力増分

　図-7.3に示すような無限長（紙面奥行き方向に連続する）帯状荷重q (tf/m²)が地表面に働いている場合は，先の線荷重をさらに荷重の載荷幅の方向にx_1からx_2まで積分すれば，鉛直応力増分$\Delta\sigma_z$は次式から求めることができる。

$$\Delta\sigma_z = \int_{x_1}^{x_2}\int_{-\infty}^{\infty} \frac{3q}{2\pi} \frac{z^3}{(x^2+y^2+z^2)^{5/2}}\,dy\,dx = \frac{q}{\pi}(\alpha+\sin\alpha\cos\theta) \tag{7.10}$$

　ここに，$\alpha=\beta_1-\beta_2$，　$\theta=\beta_1+\beta_2$

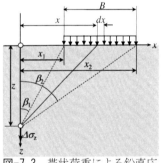

図-7.3　帯状荷重による鉛直応力増分

(2)　台形帯状荷重による鉛直応力増分

　ここで，河川堤防および道路・鉄道盛土のような**図-7.4**に示す台形状の帯状荷重によって生じるO点下の左側の荷重による鉛直応力増分$\Delta\sigma_z$は，台形の法幅aおよび天端幅bと深さzによる角度α_1，α_2から次式で求めることができる。

$$\Delta\sigma_z = \frac{1}{\pi}\left\{\left(\frac{a+b}{a}\right)(\alpha_1+\alpha_2) - \frac{b}{a}\alpha_2\right\}q = I\cdot q \tag{7.11}$$

この**Iが影響値**である。一方，右側の盛土荷重についても同様に式(7.11)で求め，O点下の鉛直応力増分は左右の盛土荷重による応力増分を足せばよい（重ね合わせの原理）。

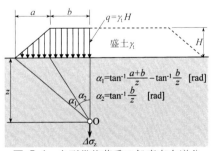

$\alpha_1=\tan^{-1}\dfrac{a+b}{z} - \tan^{-1}\dfrac{b}{z}$ [rad]

$\alpha_2=\tan^{-1}\dfrac{b}{z}$ [rad]

図-7.4　台形帯状荷重の鉛直応力増分

　なお，種々の状態での影響値Iは，**図-7.5**に示す**オスターバーグ（Osterberg）の図表**を用いるのが便利である。この図表から任意のa/z，b/zに対するIを読み取ることができる。

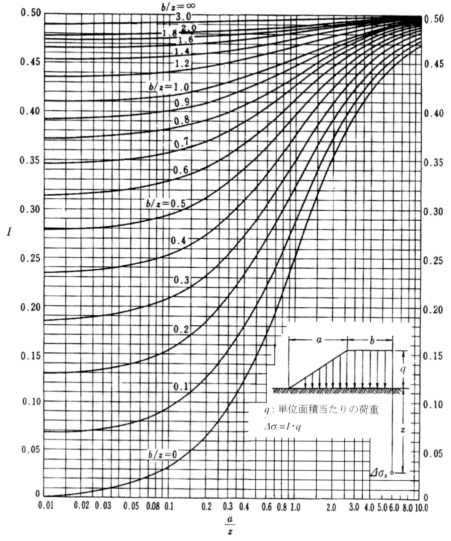

q：単位面積当たりの荷重

$\Delta \sigma_z = I \cdot q$

図-7.5　オスターバーグ（Osterberg）の図表[1]

　オスターバーグの図表を用いる3ケースの場合を図-7.6に示す。鉛直応力を求める点が盛土の載荷面から離れている場合や三角形盛土の場合でも架空の載荷による鉛直応力を加えたり，引いたりすればIを求めることができる。これらも重ね合わせの原理に基づくものである。

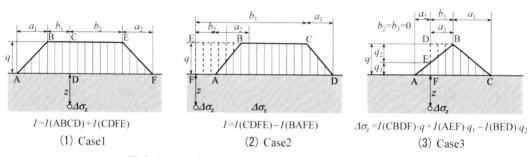

$I=I(\text{ABCD})+I(\text{CDFE})$

（1）Case1

$I=I(\text{CDFE})-I(\text{BAFE})$

（2）Case2

$\Delta \sigma_z = I(\text{CBDF}) \cdot q + I(\text{AEF}) \cdot q_1 - I(\text{BED}) \cdot q_2$

（3）Case3

図-7.6　重ね合わせの原理に基づく影響値Iの求め方[2]

例題7.2 右図に示す地盤に盛土（高さ5m，$\gamma_t=2$ tf/m³）が載荷された場合，A，B，C，D点における鉛直応力増分$\Delta\sigma_z$をオスターバーグの図表を用いて求めよ。

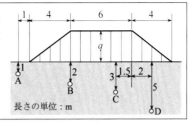

長さの単位：m

7.3.3 長方形荷重による鉛直応力増分

図-7.7に示すような幅B，奥行きLの等分布長方形荷重q (tf/m²)が地表面に載荷される場合は，長方形荷重の隅角部直下に加わる鉛直応力増分$\Delta\sigma_z$は，荷重方向に垂直な断面に関して，式(7.1)をx軸方向に0～B，y軸方向に0～Lまで積分すれば次式から求めることができる。

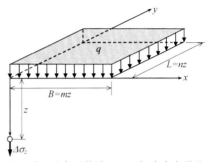

$$\Delta\sigma_z = \int_0^B \int_0^L \frac{3q}{2\pi} \frac{z^3}{(x^2+y^2+z^2)^{5/2}} dy\,dx \tag{7.12}$$

ニューマーク（Newmark）は上式の積分結果を次式にように与えた。

図-7.7 長方形荷重による鉛直応力増分

$$\Delta\sigma_z = \frac{q}{2\pi}\left\{\frac{mn}{\sqrt{m^2+n^2+1}}\frac{m^2+n^2+2}{(m^2+1)(n^2+1)} + \sin^{-1}\frac{mn}{\sqrt{(m^2+1)(n^2+1)}}\right\} \tag{7.13}$$

$$\Delta\sigma_z = q\cdot f_B(m,n) = q\cdot I \tag{7.14}$$

ここに，$m=B/z$，$n=L/z$である。また，$I=f_B(m,n)$は影響値で，任意のm,nに対して**図-7.8**に示す**ニューマークの図表**から求めることができる。この図表はmとnの直交座標に対して$I=f_B(m,n)$が等しい線を書き込んだもので，mとnの交点から$I=f_B(m,n)$を読み取ることができる。mとnは縦軸，横軸のどちらにとってもいいが，一方が1より大きい場合にはそれを横軸にとり，両方が1より大きい場合には左上の図を用いる。

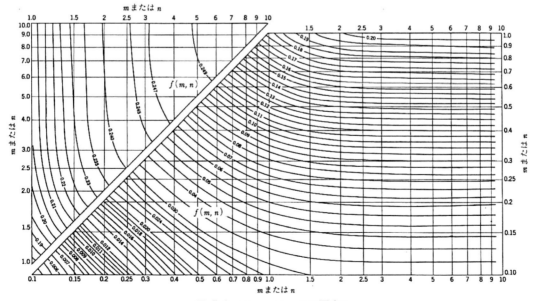

図-7.8 ニューマークの図表[3]

ここで，長方形の隅角部直下以外の任意の点における鉛直応力増分を求めるためには重ね合わせの原理に基づく「**長方形分割法**」を用いる。例えば，**図-7.9(1)**のように長方形abcd面に等分布荷重qが作用している場合，長方形内の任意のA点の直下の深さz(m)の鉛直応力増分$\Delta\sigma_z$は，A点が隅角となるような4個の長方形agAe，gbfA，Afch，eAhdに分割し，それぞれの長方形内の荷重によるA点の影響値Iを算出し，それらの和（重ね合わせ）求めれば，式(7.14)から$\Delta\sigma_z$が求められる。また，**図-7.9(2)**のように長方形abcdの外にある任意のA点の場合には，A点が隅角となるような長方形Ahcf，Ahbe，Agdf，Agaeを仮想し，AhcfとAgaeの影響値Iの和からAhbe，Agdfの影響値Iを差し引けば，式(7.14)から$\Delta\sigma_z$が求められる。

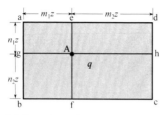

$\Sigma I = I(\text{Agae}) + I(\text{Afbg}) + I(\text{Ahcf}) + I(\text{Aedh})$

(1) 長方形内にある場合

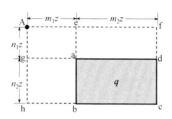

$\Sigma I = I(\text{Ahcf}) + I(\text{Agae}) - I(\text{Ahbe}) - I(\text{Agdf})$

(2) 長方形外にある場合

図-7.9　長方形荷重での長方形分割法[4]

例題7.3　下図に示す地盤の地表面に長方形分布荷重$q=10$ tf/m^{2}が載荷されている場合，

(1) i，j，k点直下30mにおける鉛直応力増分$\Delta\sigma_z$をニューマークの図表を用いて求めよ。

(2) 地表面から深さ2mに地下水位があり，地下水位より上で$\gamma_t=1.7$ tf/m^3，地下水位以下で$\gamma_{sat}=2.0$ tf/m^{3}のとき，i，j，k点直下30mにおける鉛直有効応力を求めよ。

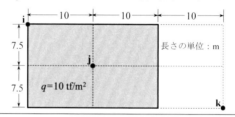

7.3.4　円形荷重による鉛直応力増分

　図-7.10に示す半径Rの等分布円形荷重q (tf/m^2)が地表面に載荷される場合，中心直下の深さzの位置に発生する鉛直応力増分$\Delta\sigma_z$は，ブーシネスクの解を積分して求めることができる。すなわち，**図-7.10**において微小面積$dA=r\cdot d\theta\cdot dr$となるので，式(7.6)で$P=q\cdot r\cdot d\theta\cdot dr$，$x^2+y^2=r^2$とおき，$\theta$を0〜$2\pi$まで，$r$を0〜$R$まで積分すれば次式から求めることができる。

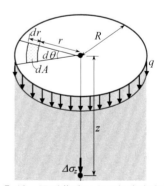

$$\Delta\sigma_z = \int_0^{2\pi}\int_0^R \frac{3q}{2\pi}\frac{z^3}{(r^2+z^2)^{5/2}}r\,d\theta\,dr$$

$$= q\left\{1-\frac{z^3}{(R^2+z^2)^{3/2}}\right\}$$

(7.15)

図-7.10　円形荷重による鉛直応力増分

例題7.4　**図-7.10**で円形荷重$q=10$ tf/m^{2}が載荷されている場合，$R=3.0$m，$z=5.0$mの場合の鉛直応力増分$\Delta\sigma_z$を求めよ。

7.3.5　圧力球根

　地表に載荷された荷重による地盤内の応力は，地中深くなるに従い分散され，小さくなっていく。**図-7.11**は直径B（半径R）の等分布円形荷重および幅Bの等分布帯状荷重が載荷された場合の大きさが等しい鉛直応力増分$\Delta\sigma_z$が発生する点の位置を結んでいられた曲線群を示したもので，その形状が球根状になることから**圧力球根**（pressure bulb）で呼ばれている。なお，**図-7.11**は地盤内に発生する$\Delta\sigma_z$の割合を示すために，$\Delta\sigma_z$を載荷重qで除して表している。円形荷重に比べて帯状荷重（奥行き方向に無限長）では深さ方向の応力増分がかなり大きくなることがわかる。圧力球根の内，$\Delta\sigma_z/q=0.2$は，一般に地表面の荷重qが影響する下限を表しており，0.2より深い深度には影響しないと考えられている[5]。$\Delta\sigma_z/q=0.2$の深度は荷重幅Bに対して，円形荷重で約1.25倍，正方形荷重で約1.5倍，帯状荷重で約3倍となる。例えば，$\Delta\sigma_z/q=0.2$の深度までに軟弱層があれば，その影響が沈下や支持力に影響するので，その範囲まで地盤調査を行う必要になる。このように，圧力球根は荷重の載荷幅と地盤内応力分布の関係を考える上で重要なものである。

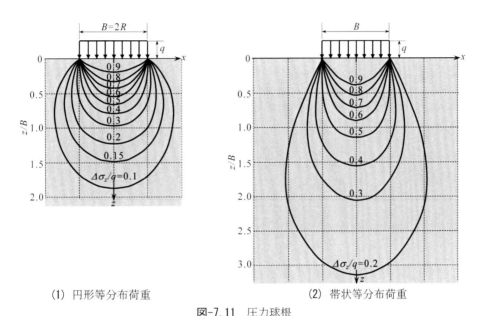

(1)　円形等分布荷重　　　　　　　　　　　(2)　帯状等分布荷重

図-7.11　圧力球根

7.3.6　荷重分散法による鉛直応力増分の近似解

　先に述べたように，地表に載荷された等分布荷重による地盤内の応力は，地中深くなるに従い分散され，小さくなる。その分散の仕方が一様で，地盤内の応力分布はある範囲内に限られ，等分布すると仮定し，**ケーグラー（Kogler）**は，増加応力の近似計算法を以下のように提案した（**ケーグラー法**）。

　図-7.12(1)に示すように幅B，奥行きLの等分布長方形荷重q (tf/m²)が地表面に載荷された場合，この荷重が深さzにおける面に伝播する鉛直応力増分$\Delta\sigma_z$は，力の釣合いから次式で求めることができる。

$$\Delta\sigma_z = \frac{qBL}{(B+2z\tan\alpha)(L+2z\tan\alpha)} \tag{7.16}$$

荷重の分散角αは一般に30°～45°を取るが，土木分野では$\alpha=30°$（$\tan\alpha=0.577$）とする（ボストンコード法：アメリカボストン市の建築基準法による）ことが多いが，建築分野では$\tan\alpha=1/2$とする（5分勾配法，$\alpha=26.6°$）ことが多い。$\tan\alpha=1/2$であれば，次式のような簡単な式となる。

$$\Delta\sigma_z = \frac{qBL}{(B+z)(L+z)} \tag{7.17}$$

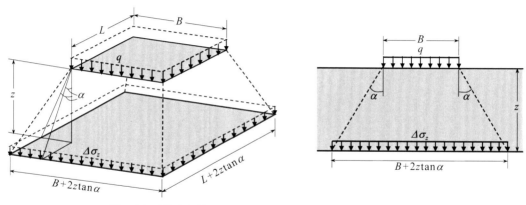

（1）　長方形等分布荷重	（2）　帯状等分布荷重

図-7.12　ケーグラー法による鉛直応力増分の近似計算法[6]

また，**図-7.12(2)**に示すような帯状荷重の場合には，単位奥行き1を乗じて，次式で求めることができる。

$$\Delta\sigma_z = \frac{qB}{(B + 2z\tan\alpha)} \tag{7.18}$$

$\tan\alpha = 1/2$とすれば，次式のような簡単な式となる。

$$\Delta\sigma_z = \frac{qB}{B + z} \tag{7.19}$$

例題7.5　長方形基礎（$B=3.0\text{m}$，$L=6.0\text{m}$）に等分布荷重$q=10\ \text{tf/m}^2$が載荷されている場合，ケーグラーの近似計算法を用いて深さ$z=5.0\text{m}$の鉛直応力増分$\Delta\sigma_z$を荷重の分散角$\alpha=30°$の場合と$\tan\alpha=1/2$の場合で求めよ。

先の$\Delta\sigma_z$は等分布と仮定しているが，端部ではゼロとなると考えるのが普通である。そこで，ケーグラーは先の考えを修正して，**図-7.13**に示すような$\alpha=45°$で広がる台形状の応力分布を提案した。これを**修正ケーグラー法**という。修正ケーグラー法では，$\Delta\sigma_z$は次式で求めることができる。

$$\Delta\sigma_z = \frac{qB}{2z} \tag{7.20}$$

修正ケーグラー法は，ボストンコード法を重ね合わせると地盤内応力が一様にならない矛盾を避けるために工夫されたものとなっている。

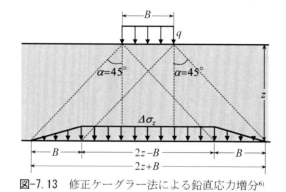

図-7.13　修正ケーグラー法による鉛直応力増分[6]

演習7.1　下図のような盛土を造成したとき，地表面から深さz=12mにあるA，B，C，D点の鉛直応力増分$\Delta\sigma_z$をオスターバーグの図表（**図-7.5**）を用いて求めよ。ただし，盛土の荷重（$\gamma_t \times h$）は等分布荷重として考える（天端部と法部の底面には等しい荷重が作用するとする）。

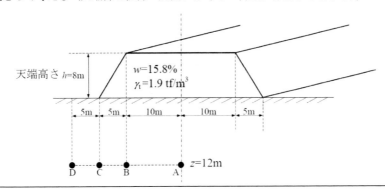

演習7.2　下図左に示すように，直径50mの石油タンクに密度0.75 t/m³の石油が高さ11mまで入っている。円形等分布荷重が地表面に作用した時の鉛直応力増分の圧力球根（下図右）を用いて，A，B，C，D点の鉛直応力増分$\Delta\sigma_z$を求めよ。ただし，タンク自体の自重は無視する。

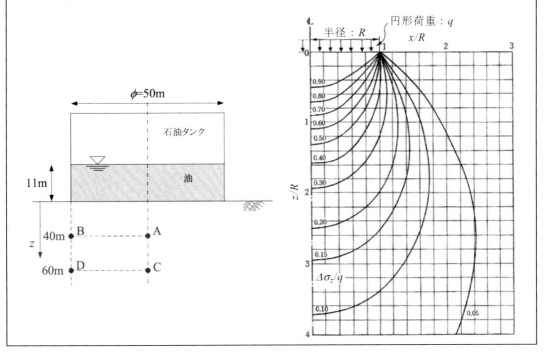

演習7.3　地盤内応力，締固め，圧密の総合問題

　　下図のように砂層と粘土層（正規圧密状態）からなる水平地盤上に盛土を構築する。締固め度 $D_c=95\%$ で盛土を構築した場合，盛土中央直下の粘土層の最終沈下量 S_f を求めよ。

　　ただし，地表面に作用する盛土荷重は下図の締固め試験結果（ρ_{dmax}，w_{opt} を求める）に基づいて求めること，地盤内の鉛直応力増分はオスターバーグの図表（図-7.5）を用いて求めること，砂質土，粘性土の物性は下図に示す通りで，層内では均一とする。

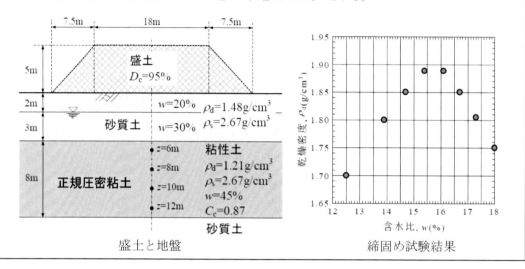

盛土と地盤　　　　　　　　　　　　　　締固め試験結果

引用文献

1) Osterberg, J. O.: Influence values for vertical stresses in a semi-infinite mass due to an embankment loading, Proc. 4th International Conference of SMFE,　Vol.1, pp.393-394，1957.

2) 三田地利之：土質力学入門 第2版，森北出版，p.67，2020.

3) 河上房義・森芳信・柳沢英司：土質力学 第8版，森北出版，p.65，2012.

4) 河上房義・森芳信・柳沢英司：土質力学 第8版，森北出版，p.66，2012.

5) 安川郁夫・今西清志・立石義孝：絵とき土質力学 改定第3版，オーム社，p.74，2013.

6) 安川郁夫・今西清志・立石義孝：絵とき土質力学 改定第3版，オーム社，pp.80-81，2013.

第8章
土のせん断強さ

　本章では，まず，土のせん断強さの定義，表現方法について説明する。次に，土のせん断特性を求めるためのせん断試験の分類，せん断試験における排水条件とダイレイタンシーの関係について説明する。さらに，最も一般的なせん断試験である一面せん断試験，一軸圧縮試験，三軸圧縮試験の詳細を説明する。最後に，実地盤でのせん断強さと考え方として，盛土と掘削の場合，粘土地盤の強度異方性について説明する。特に，土のせん断ではダイレイタンシーの理解が最も重要である。

三軸圧縮試験機（4連式）

8.1 土のせん断強さとは

8.1.1 土のせん断強さの定義

土塊は圧縮，引張り，せん断を受けて変形・破壊を生じるが，土塊の変形及び破壊に至る際の変形モードには**図-8.1**に示すパターンがあり，次の①と②の2つに大別される。特殊な場合として③を加える（土の引張強度は期待しないが）。

　　① 圧密変形：土塊が同じ形を保って体積が変化（収縮，膨張）。

　　② せん断変形：土塊が同じ体積を保って形状が変わる。

　　③ 引張り変形

①の圧密変形（**図-8.1(1)**）は体積変化挙動で，降伏は生じるが，破壊現象は生じない（土の体積変化は土の間隙体積の変化で生じる，**土質力学Ⅰの第6章圧密**を参照）。土の強度あるいは破壊現象は，②のせん断変形（**図-8.1(2)，(3)**）として捉える。ただし，土が変形・破壊が生じるときには，①と②が同時に生じる場合もある。

一次元圧密現象は**図-8.1(4)**に示すように圧密変形とせん断変形の両方を含むが，変形形態が常に同じであり，また自然地盤の生成過程における最も一般的な変形形態（一次元圧密状態，一般に鉛直応力に比べて側方応力が小さい異方応力状態，**図-8.40** 参照）であるので，普通はこれを単に**圧密**と呼び，せん断破壊現象と区別している。この圧密にはせん断変形に伴って現れる**ダイレイタンシー**（8.2.2 参照）による体積変化も含めている。

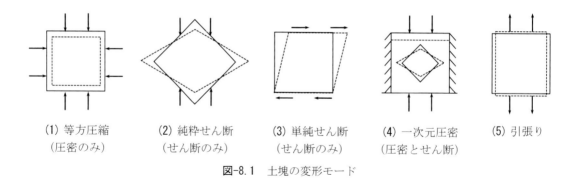

(1) 等方圧縮	(2) 純粋せん断	(3) 単純せん断	(4) 一次元圧密	(5) 引張り
（圧密のみ）	（せん断のみ）	（せん断のみ）	（圧密とせん断）	

図-8.1　土塊の変形モード

実地盤における破壊現象は，**図-8.2**に示す例のように現れ，すべり面に沿った②のせん断変形によって生じる。せん断破壊が生じたすべり面上の最大せん断抵抗を**せん断強さ τ_f** と呼んでいる。斜面安定の計算，土圧や支持力の算定は，このせん断強さに基づいて行われる。

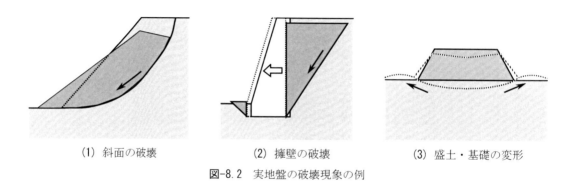

(1) 斜面の破壊	(2) 擁壁の破壊	(3) 盛土・基礎の変形

図-8.2　実地盤の破壊現象の例

8.1.2　土のせん断強さの表現

　一般に，土のせん断強さ τ_f は**図-8.3**に示すように，与えた垂直応力 σ に比例して増加するため，次式の**クーロン（Coulomb）の破壊規準**で表現する。これは物理で習った摩擦則（二つの物体が接触してすべるとき，接触面に働く摩擦力はその面に垂直に作用する力に比例する）と同等である。

$$\tau_f = c + \sigma \tan\phi \tag{8.1}$$

ここに，τ_f：せん断強さ（最大せん断抵抗）

c：**粘着力**（垂直応力 σ によらない強度成分，土粒子間の付着力や固結力による）

σ：せん断面上に作用する垂直応力

ϕ：**せん断抵抗角**（かつては内部摩擦角と呼んでいた）

　この c，ϕ を**土の強度定数**と呼ぶ。土の強度定数は 8.2.1 のせん断試験によって求められる。ただし，定数と言いながらも，この値は同一の土においても，排水条件（排水：圧密時とせん断時に間隙水の出入りが許される場合，非排水：圧密時とせん断時に間隙水の出入りが許されない場合）および土が受けた過去の応力履歴によって大きく変化する（詳細は 8.2.2 参照）。

　一般に強度定数は，細粒分が少ない砂では $c=0$ で ϕ のみ，粘土では $\phi=0°$ で c のみで考えることが多い。また，砂では密度が高いほど，粒径が大きいほど，土粒子表面が粗いほど，ϕ は大きくなる。

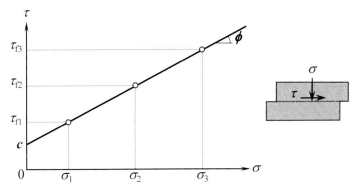

図-8.3　τ_f-σ 関係におけるクーロンの破壊規準（一面定圧せん断試験の場合）

> **補足**：破壊規準とは，材料が外力などを受けて破壊する状態を定義する規準で，破壊時の応力やひずみによって規定される。土の破壊規準には，式(8.1)のクーロンの破壊規準およびモールの破壊規準，モールクーロンの破壊規準（8.5.2(2)参照）などがある。

例題8.1　垂直応力 σ を3種類に変えて行った試験からせん断強さ τ_f を以下の結果を得た。クーロンの破壊規準を適用して強度定数 c，ϕ を求めよ。

$[\sigma, \ \tau_f] = [1, \ 0.9]$，$[2, \ 1.6]$，$[3, \ 2.3]$（単位：$kgf/cm^2$）

（または $[\sigma, \ \tau_f] = [100, \ 90]$，$[200, \ 160]$，$[300, \ 230]$（単位：$kN/m^2$））

8.2 土のせん断試験における排水条件とダイレイタンシー

8.2.1 土のせん断試験の分類

土の室内せん断試験は，**表-8.1**に示す直接せん断試験と間接せん断試験に大別される。

① **直接せん断試験**：一面せん断試験，単純せん断試験，リングせん断試験，ねじりせん断試験，ベーンせん断試験など（**図-8.4**参照）

② **間接せん断試験**：一軸圧縮試験，三軸圧縮試験，三軸伸張試験，平面ひずみ三軸，三主応力制御試験など（**図-8.5**参照）

①はせん断応力載荷型試験とも呼ばれ，特定のせん断面上のせん断強さを直接求める試験である。強度定数 c，ϕ は**図-8.3**に示した**クーロンの破壊規準**を適用して求められる。②は主応力載荷型試験とも呼ばれ，圧縮（伸張）強度からせん断強さを間接的に求める試験で，強度定数 c，ϕ は**モール・クーロンの破壊規準**（8.5.2(2)参照）を適用して求められる。最も一般的なせん断試験である一面せん断試験（詳細は 8.3 参照）と三軸圧縮試験（詳細は 8.5 参照）の特徴の比較を**表-8.2**に示す。両者は表裏一体の関係にあることがわかる。

表-8.1　せん断試験の分類

大分類	直接せん断試験	間接せん断試験
種類	側方変位拘束型 　一面せん断試験：円盤供試体 　単純せん断試験：円盤供試体 　リングせん断試験：中空円盤供試体 側方変位非拘束型 　ねじりせん断試験：中空円筒供試体 　ベーンせん断試験：実地盤の粘土層	軸対称型：円柱供試体 　一軸圧縮試験 　三軸圧縮試験 　三軸伸張試験 三主応力型：直方体供試体 　平面ひずみ三軸試験 　三主応力制御三軸試験
応力載荷方法	せん断応力を直接載荷 （主応力方向が変化）	主応力を載荷・制御 （せん断応力は間接的）

側方変位拘束型：剛なせん断箱内の円盤状の供試体に垂直応力を載荷し，水平方向にせん断力を直接作用させてせん断する方法

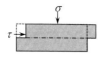
円盤供試体の一つの面でせん断
（1）一面せん断試験

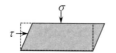
円盤供試体全体を一様にせん断
（2）単純せん断試験

中空円盤供試体を円周方向にせん断
（3）リングせん断試験

側方変位非拘束型：側方を拘束しない条件（流体圧，土中）で，水平方向にせん断力を直接作用させてせん断する方法

中空円筒供試体を円周方向にせん断
（4）ねじりせん断試験

十字翼を土柱に入れて回転せん断（実地盤の粘土層）
（5）ベーンせん断

図-8.4　直接せん断試験

軸対称型：円柱供試体を用いて，側方応力σ_r一定の条件で軸方向応力σ_aを増加・減少させて圧縮・伸張破壊させてせん断する方法（通常は初期を等方応力とするが，K_0応力状態とする試験もある）

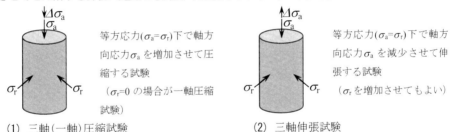

等方応力($\sigma_a=\sigma_r$)下で軸方向応力σ_aを増加させて圧縮する試験
（$\sigma_r=0$の場合が一軸圧縮試験）

(1) 三軸(一軸)圧縮試験

等方応力($\sigma_a=\sigma_r$)下で軸方向応力σ_aを減少させて伸張する試験
（σ_rを増加させてもよい）

(2) 三軸伸張試験

三主応力型：直方体供試体を用いて，各面に異なった直応力（三主応力σ_1, σ_2, σ_3）を加えて破壊させてせん断する方法（研究的な試験で，あまり実施することはない）

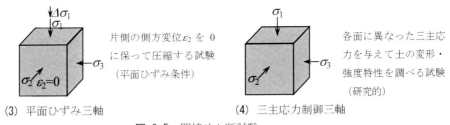

片側の側方変位ε_2を0に保って圧縮する試験（平面ひずみ条件）

(3) 平面ひずみ三軸

各面に異なった三主応力を与えて土の変形・強度特性を調べる試験（研究的）

(4) 三主応力制御三軸

図-8.5　間接せん断試験

表-8.2　一面せん断試験と三軸圧縮試験の特徴の比較

試験	一面せん断試験	三軸圧縮試験
応力状態	σ_c　τ：せん断応力　$K_0\sigma_c$　$K_0\sigma_c$　K_0：静止土圧係数($K_0\fallingdotseq0.5$)　※$K_0\sigma_c$は想定応力，未測定	$\Delta\sigma$：軸応力増加　σ_c　σ_c　σ_c
圧密状態	一次元圧密	等方圧密（K_0圧密もあり）
変形状態	強制的（平面ひずみ）	選択的（軸対称変形）
主応力	不明確	明確（直接載荷）
せん断面上の応力	明確（直接載荷）	不明確（モール円を用いて間接的に把握）
強度定数の求め方	直接的（クーロンの破壊規準）	間接的（モール・クーロンの破壊規準）

> **補足**：図-8.4(2)の単純せん断試験は理想的なせん断形式であるが，これを実現することが難しく，まだ試験機，試験方法が確定していない。図-8.4(3)のリングせん断試験は供試体を大変形させることができるので，地すべり地の残留強度（大変形後の定常状態のせん断強さ）を求めるのに用いられる。図-8.4(4)のねじりせん断試験は圧密段階までは間接せん断，せん断段階は直接せん断となり，両方の範疇に入る試験条件の自由度が高い試験である。図-8.4(5)のベーンせん断試験は実地盤（原位置）の粘土層のせん断強さを直接求める試験である。図-8.5(3)，(4)の三主応力型の三軸試験は実務的ではない。

8.2.2 排水条件とダイレタンシー

先に述べたように，土の強度定数 c，ϕ は垂直応力 σ だけでは決まらず，σ で圧密させるか否か（排水 or 非排水），せん断時に<u>体積変化（間隙水の出入り）</u>を許すか否か（排水 or 非排水）で大きく変化する（また過去の応力履歴によっても変わる）。そこで室内せん断試験は，**表-8.3** に示す 3 種類の標準的な排水条件を設定し，現場条件に合った試験が行われる（詳細は 8.2.4 参照）。なお，非圧密排水（UD）条件はあり得ない（圧密時に非排水でもせん断時に排水となると，圧密してしまうので）。

表-8.3　3 種類の排水条件と対応する現場条件

試験条件	排水条件		強度定数	現場条件
	圧密過程	せん断過程		
非圧密非排水（UU）条件 (Unconsolidated Undrained)	非排水	非排水	c_u，ϕ_u	粘土地盤の短期安定問題 （急速施工）
圧密非排水（CU）条件 (Consolidated Undrained)	排水	非排水	c_{cu}，ϕ_{cu} $(c'$，$\phi')$	粘土地盤を圧密させてからの短期安定問題
圧密排水（CD）条件 (Consolidated Drained)	排水	排水	c_d，ϕ_d	砂地盤の安定問題 粘土地盤の長期安定問題

ここで，<u>粒状体である土はせん断を受けると体積が変化する性質</u>を顕著に示す。この性質を**ダイレイタンシー**（dilatancy：dilate（膨張）の名詞形）といい，膨張，収縮しようとする場合をそれぞれ正，負のダイレイタンシーと定義する。先に述べたせん断時に体積変化するのはこの性質による。その正，負は土の状態（主に密度，骨格構造）に依存し，その現れ方はせん断時の排水条件によって異なる。それによって土のせん断強さは大きく変化するため，**表-8.3** の排水条件の区別が必要となる（土にダイレイタンシーがなければ，排水条件の区別は不要となる）。ダイレイタンシーは土のせん断に関して最も重要な性質である。

砂質土は透水性が高いので，通常は「排水」が想定され，ダイレイタンシーは体積変化（密度変化）として現れる。一方，粘性土は透水性が低いので，通常は「非排水」が想定され，ダイレイタンシーは有効応力変化として現れる。すなわち，**図-8.6** に示すように，排水では，負のダイレイタンシーで体積収縮（密

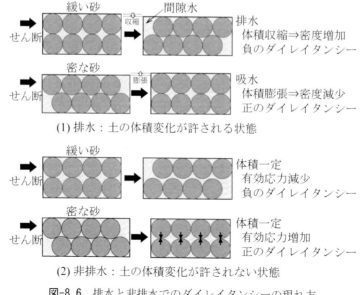

(1) 排水：土の体積変化が許される状態

(2) 非排水：土の体積変化が許されない状態

図-8.6　排水と非排水でのダイレイタンシーの現れ方

度増加）し，正のダイレイタンシーで体積膨張（密度減少）する。一方，非排水では，土は体積変化を起こせないので，負のダイレイタンシーでは収縮することができず，土粒子間の力，すなわち有効応力が減少する。正のダイレイタンシーでは膨張することができず，有効応力が増加することになる。ただし，砂質土でも地震時には非排水条件（液状化現象）が，また，粘性土でも過圧密比が大きい場合では排水条件（膨潤）が想定される。これらの関係は**表-8.4**のようにまとめられる。

表-8.4　ダイレイタンシーと排水条件の対応関係

ダイレイタンシー	正		負	
排水条件	排水	非排水	排水	非排水
現象	体積膨張（密度減少）	有効応力増加	体積収縮（密度増加）	有効応力減少
影響	τの増加を弱める	τの増加を強める	τの増加を強める	τの増加を弱める
せん断強さの関係	非排水の方が強い $\tau_{fd} < \tau_{fu}$		排水の方が強い $\tau_{fd} > \tau_{fu}$	
土の種類	過圧密比の大きい粘土 密な砂質土		正規圧密粘土 緩い砂質土	

8.2.3　土の密度・骨格構造とダイレタンシー

ダイレイタンシーを**図-8.6**のモデルで説明する[1]。球（土粒子）はゴムとし，粒子配列が骨格構造を表す。

a⇌b，**c⇌d**は，同じ骨格構造で密度が変わる場合で，有効応力が変化（ゴム球のへこみが変化）する。これは有効応力の増加・減少による圧縮・膨張の現象を表している。

a⇌c，**b⇌d**は，同じ密度で骨格構造が変わる場合で，この場合も有効応力は変化する。これは水の出入りを許さずに行うせん断（**非排水せん断**）で，ダイレイタンシーが有効応力変化として現れる。なお，**c**の状態（間隙が水で飽和の場合）は，緩い状態の**a**にある砂が地震力によって瞬時にせん断され，間隙水を排水せずに液状化を起こしている状態に相当する。

a⇌dは，一定の有効応力の下で水の出入りを許して行うせん断（**排水せん断**）で，密度と骨格構造が変わり，ダイレイタンシーが体積変化（**a→d**は収縮，**d→a**は膨張）として現れる。

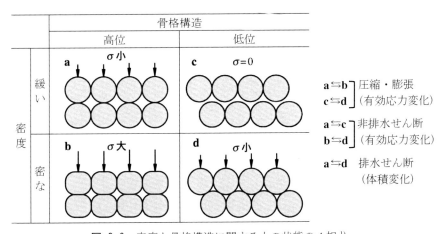

図-8.6　密度と骨格構造に関する土の状態の4相[1]

ここで飽和土を例にとって，土の骨格構造の概念を説明する。同じ土が同密度（同含水比）にあっても，その力学的性質，例えば強度や変形係数が異なるとき，この差異は土の骨格構造の違いに起因することになる（後述の式(8.5)参照）。そこで，同じ密度で強度がより高いものを**高位の構造**，同じ密度で強度がより低いものを**低位の構造**と定義する。別の言い方をすれば，同じ強度で密度がより低いものが高位，同じ強度で密度がより高いものが低位とも言える。すなわち，構造の高位化が正のダイレイタンシー，構造の低位化が負のダイレイタンシーとなる。

　自然に堆積した粘土は，極めて緩い状態で堆積し，長い時間をかけて圧密されてきたので，一般に高位の構造をもっており，練り返すと低位化して弱くなる。この強さの低下の度合を示す**鋭敏比**は，土の構造の「位」を表わす（8.4.3 参照）。人工的に締め固めた土は構造を破壊して低位化するので，鋭敏比は 1 に近い。ただし，ここでいう高位と低位は相対的な比較であることに注意してほしい。

8.2.4　土のせん断試験における排水条件

　乾燥土を含む不飽和土ではせん断を受けると，間隙内の空気は容易に体積変化が生じる。しかし，間隙が水で飽和している飽和土がせん断を受けたときの体積変化は，間隙水の出入りで生じるので，土の透水性に依存する。特に透水性が低い粘性土では，外力の変化やせん断時に生じるダイレイタンシーに伴う体積変化が生じるのに時間がかかるため，体積変化は起こりにくい（透水性が高い砂質土でも地震時には同様に体積変化は起こりにくい，ダイレイタンシーが負の場合には液状化現象の原因となる）。そこで，せん断前の圧密とせん断中の排水の組合せを**表-8.3** の 3 通りの標準条件として設定し，原位置の地盤に合う条件を選んで試験が行われる。

(1) 非圧密非排水せん断試験（UU 試験）

　拘束応力 σ のもとで圧密せず（非圧密），せん断中も体積変化（間隙水の出入り）を許さない（非排水）試験であり，現位置での土の非排水せん断強さ s_u（非排水せん断強さには s_u という記号を用いる）を求める試験である。**図-8.7** に示すように，飽和土における τ_f–σ 関係は水平線となるため，強度定数は **[c_u, ϕ_u=0]** となる（半円はモール円，8.5.2(1)参照）。対象となるせん断試験は，一軸圧縮試験（8.4 参照），三軸 UU 試験（8.5.3 参照），ベーンせん断試験である。

　対応する現場条件は，粘土地盤に短時間に盛土などの載荷，斜面の切取り（圧密時間を与えない），および緩い砂地盤の地震による急激なせん断などである。

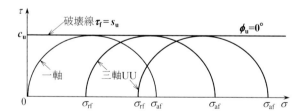

図-8.7　非圧密非排水せん断試験結果の例（一軸圧縮試験，三軸 UU 試験）

(2) 圧密非排水せん断試験（CU 試験）

　圧密応力 σ_c による圧密を終了させ，せん断中の体積変化（間隙水の出入り）を許さない（非排水）試験であり，非排水せん断強さ s_u を求める試験である。**図-8.8** に示すように，複数個の供試体を用いて σ_c を変えた試験から全応力に基づく強度定数 **[c_{cu}, ϕ_{cu}]** と有効応力に基づく強度定数 **[c', ϕ']** が求められる。

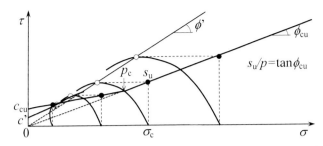

図-8.8　圧密非排水せん断試験結果の例（圧密定体積一面せん断試験）

対象となるせん断試験は，圧密定体積一面せん断試験（8.3.2 参照），三軸 $\overline{\text{CU}}$ 試験（せん断中の間隙水圧を測定して有効応力を求める試験，8.5.4 参照）である。なお，三軸 CU 試験は間隙水圧を測定しない試験で，[c_{cu}, ϕ_{cu}] のみを求めるため，区別している。[c', ϕ'] は(3)の CD 試験の [c_d, ϕ_d] とほぼ等しくなるので，CD 試験の代替としても実施できる。

　対応する現場条件は，UU 条件と同じであるが，盛土などによる圧密が十分進んだ状態，及び掘削による膨張が十分進んだ状態での地盤強度を予想できる。均質な地盤から採取深度を変えた試料の UU 試験による有効土被り圧と強度の関係は，圧密圧力を変えて行った一連の CU 試験と等価である。正規圧密域では破壊線が原点を通る直線（$c_{cu}=0$）となるため，$\tan\phi_{cu}$ は圧密応力に比例する s_u の増加率を表すので，**強度増加率 s_u/p** と呼んでいる（**図-8.19**，**図-8.32** 参照）。正規圧密域の s_u は，s_u/p に圧密圧力 p を乗じれば求めることができる。

(3) 圧密排水せん断試験（**CD 試験**）

　圧密応力 σ_c による圧密を終了させ，せん断中も体積変化（間隙水の出入り）を許す（排水）試験である。この試験では過剰間隙水圧が発生しない状態（十分に排水・吸水されるせん断時間を設定する）で行うので，常に全応力と有効応力が等しい。**図-8.9** に示すように，複数個の供試体を用いて σ_c を変えた試験から強度定数 [c_d, ϕ_d] が求められる。これも有効応力に基づく強度定数といえる。対象となるせん断試験は，圧密定圧一面せん断試験（8.3.3 参照），三軸 CD 試験（8.5.5 参照）である。

　対応する現場条件は，砂・礫質土のような透水性が高い地盤，及び切取り・掘削の粘土斜面の長期安定（過圧密比が大きい地盤で吸水・膨張したときのせん断強さは UU，CU 条件よりも低くなる，8.3.6 参照）の場合である。ただし，地すべりのような大変形のせん断では，CD 条件の下の試験で得られる「**残留強度**」を用いる。これは**図-8.4**(3)に示したリングせん断試験によって求めることができる。

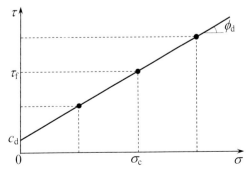

図-8.9　圧密排水せん断試験結果の例（圧密定圧一面せん断試験）

8.3 一面せん断試験

8.3.1 一面せん断試験とは

　一面せん断試験（box shear test）は，**図-8.10** に示すように，上下に分かれたせん断箱に円盤状の土供試体を納め，垂直応力σを載荷した状態でせん断応力τを与えて一方のせん断箱を他方に対して水平移動させてせん断する試験である。せん断強さ，せん断応力とせん断変位との関係を求めることが目的となる。一面せん断試験の特長として以下が挙げられる。

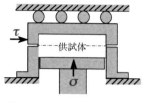

図-8.10　一面せん断試験

① 一次元圧密，平面ひずみ条件を自動的に満足する。

② せん断面上の垂直応力σとせん断応力τを直接測定できる。

③ 試験機，試験方法が簡便で，供試体の試料が少なくすみ，圧密時間も短い。

　数個の供試体に対して異なる圧密応力σ_cの下で試験を行えば，式(8.1)のクーロンの破壊規準における強度定数c, ϕを求めることができる。**図-8.11** に試験機の例を示す。

　一面せん断試験には，①圧密定体積一面せん断試験，②圧密定圧一面せん断試験の2種類の方法が地盤工学会で基準化されている。前者は CU 試験に相当するもので，主として粘性土を対象に行われる。後者は CD 試験に相当するもので，主として砂質土を対象に行われる。各試験方法の詳細は「**土質試験-基本と手引き-**」第 14 章[2]を参照してほしい。

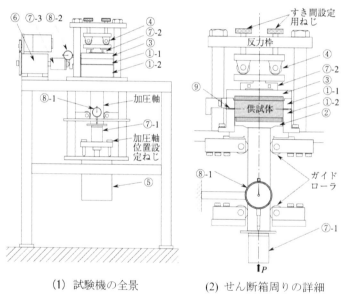

① せん断箱：直径 60mm, 高さ 20mm を標準とする供試体を納める。

② 加圧板：供試体に垂直力とせん断力を伝える剛板。

③ 反力板：加圧板から供試体に加えられる垂直力を受ける剛板。

④ せん断箱ガイド装置

⑤ 垂直力載荷装置

⑥ せん断力載荷装置

⑦ 荷重計：垂直力用（加圧板側⑦-1 と反力板側⑦-2）とせん断力用（⑦-3）

⑧ 変位計：垂直変位用（⑧-1）とせん断変位用（⑧-2）

⑨ すき間設定用スペーサー：上下せん断箱にすき間を与える厚さ 0.2～0.5 mm の板

(1) 試験機の全景　　　　(2) せん断箱周りの詳細

図-8.11　一面せん断試験機の例（垂直力下面載荷，上箱可動型）[2]

8.3.2 圧密定体積一面せん断試験

　圧密定体積一面せん断試験（以下，定体積試験）は，**図-8.12** に示すようにせん断中の供試体の体積を一定（垂直変位ΔH を一定）に保って垂直応力σを制御してせん断する試験で，その時の最大せん断応力を**定体積せん断強さ**という。

垂直変位 ΔH が生じないように垂直応力 σ を制御・測定

図-8.12　定体積試験[2]

　飽和土でのダイレイタンシー負，正での非排水試験と定体積試験の比較を**表-8.4** に示す。どちらも体積は一定であるが，非排水試験ではせん断中に発生する過剰間隙水圧Δu

を測定して有効応力σ'を測定する（8.5.4 の三軸 $\overline{CU}$ 試験を参照）が，定体積試験では供試体の体積を一定に保ち，排水・吸水しないので，Δu は発生せず（発生すれば体積変化が起こってしまうので），常に垂直応力σは常に有効応力σ'となる。言い換えれば，せん断中のダイレイタンシーに起因する Δu が発生しないように垂直応力σを制御する試験ともいえる。したがって，飽和土では非排水試験と定体積試験は等価となる。一方，不飽和土では体積変化を伴う非排水（非排気）試験とは異なる結果となる。

表-8.4　飽和土における非排水試験と定体積試験の比較 [2]

ダイレイタンシー	非排水試験	定体積試験	体積と有効応力σ'
負（CU：有効応力減少） 正規圧密粘土 緩い砂質土	τ → Δu（正圧）← ↑σ（一定）	τ → $\Delta u = 0$ ← ↑σ（減少）	体積：一定 非排水：σ'=σ−Δu（減少） 定体積：σ'=σ（Δu 分減少）
正（CU：有効応力増加） 重い過圧密粘土 密な砂質土	τ → Δu（負圧）← ↑σ（一定）	τ → $\Delta u = 0$ ← ↑σ（増加）	体積：一定 非排水：σ'=σ−Δu（増加） 定体積：σ'=σ（Δu 分増加）

8.3.3　圧密定圧一面せん断試験

　圧密定圧一面せん断試験（以下，定圧試験）は，図-8.13 に示すようにせん断中の垂直応力σを一定に保って垂直変位ΔH の変化（体積変化）を測定してせん断する試験で，その時の最大せん断応力を**定圧せん断強さ**という。十分に排水・吸水条件を満足するせん断速度でせん断する。過剰間隙水圧が発生しないので，CD 試験と全く同じであるが，垂直応力σ（＝有効応力σ'）を一定に保つという意味でこう呼ばれている。

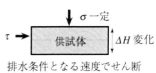

排水条件となる速度でせん断し，垂直変位 ΔH の変化を測定
図-8.13　定圧試験 [2]

　ただし，定圧試験ではダイレイタンシーによる膨張，収縮によってせん断箱内面と土供試体の間に発生する周面摩擦力の影響を強く受ける。図-8.14 に定圧試験におけるせん断箱内面に働く周面摩擦力の向きとそれによるせん断面上の垂直力の変化を示す。図-8.14(1)はダイレイタンシー正の場合で，せん断によって供試体が膨張するので，固定箱内面に上向きの周面摩擦力が発生し，せん断面上の垂直力を増加させる。一方，図-8.14(2)はダイレイタンシー負の場合で，せん断によって供試体が収縮するので，下向きの周面摩擦力が発生し，せん断面上の垂直力を減少させる。したがって，加圧板側で測定した垂直力（一定）でせん断強さを評価するとダイレイタンシー正，負に対してそれぞれ過大，過小に得られる。しかし，反力板側で垂直力を測定すれば（図-8.8 の⑦-2），正しいせん断面上の垂直力を測定できる。この理由で，**定圧試験では，必ず反力板側で垂直力を測定する**規定となっている。

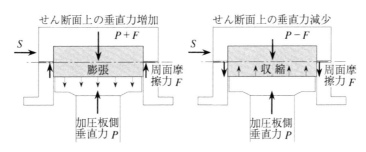

（1）ダイレイタンシー正の場合　　（2）ダイレイタンシー負の場合
図-8.14　定圧試験における周面摩擦力の影響 [2]

補足：先に述べたように，定圧試験はせん断面上の垂直応力σを一定に保つ試験であるが，図-8.14で説明したようにダイレイタンシーによる膨張，収縮でせん断面上の垂直応力が変化する。そこで，反力板側の垂直応力を一定になるように制御する試験（**真の定圧試験**と呼ぶ）が本来であるが，図-8.15に示すように垂直応力を制御しない試験（**簡易定圧試験**と呼ぶ）でも破壊時の垂直応力で定圧せん断強さを定義すれば，ϕ_dの強度線は真の定圧試験と一致することが分かっている（さらに，定体積試験のϕの強度線とも一致する）ので，反力板側で垂直応力を測定すれば，必ずしも垂直応力を一定に保たなくてもよい。

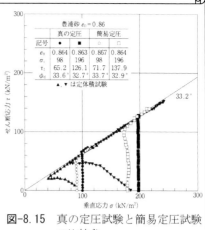

豊浦砂 $e_0 = 0.86$				
	真の定圧		簡易定圧	
記号	●	■	○	□
e_0	0.864	0.863	0.867	0.864
σ_i	98	196	98	196
τ_i	65.2	126.1	71.7	137.9
ϕ_d	33.6°	32.7°	33.7°	32.9°

▲・▼は定体積試験

図-8.15 真の定圧試験と簡易定圧試験の比較 [3]

8.3.4 一面せん断試験におけるダイレイタンシーとせん断特性

一面せん断定体積試験，定圧試験におけるダイレイタンシーとせん断特性の関係は，**表-8.4**のようにまとめられる。これは先の**表-8.4**に対応している。

ダイレイタンシー正の定圧(CD)試験ではせん断中に膨張し，密度が減少するため，せん断応力τ-せん断変位δ関係のピークが出やすい。ダイレイタンシー正の定体積(CU)試験ではせん断中に有効応力が増加するため，τ-δ関係のピークが出にくい。一方，ダイレイタンシー負の定圧(CD)試験ではせん断中に収縮し，密度が増加するため，τ-δ関係のピークが出にくい。ダイレイタンシー負の定体積(CU)試験ではせん断中に有効応力が減少するため，τ-δ関係のピークが出やすい。

このようにダイレイタンシー正，負で定圧，定体積のτ-δ関係が逆転することになる。この関係は砂でも粘土でも同様である。

表-8.4 一面せん断試験におけるダイレイタンシーとせん断特性

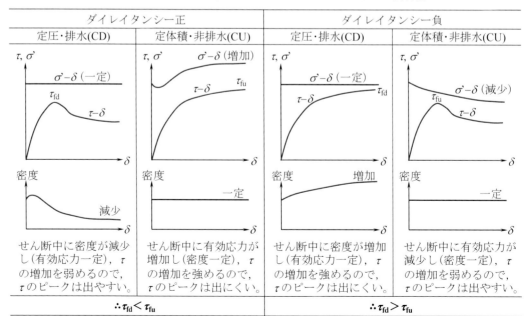

ダイレイタンシー正		ダイレイタンシー負	
定圧・排水(CD)	定体積・非排水(CU)	定圧・排水(CD)	定体積・非排水(CU)
せん断中に密度が減少し（有効応力一定），τの増加を弱めるので，τのピークは出やすい。	せん断中に有効応力が増加し（密度一定），τの増加を強めるので，τのピークは出にくい。	せん断中に密度が増加し（有効応力一定），τの増加を強めるので，τのピークは出にくい。	せん断中に有効応力が減少し（密度一定），τの増加を弱めるので，τのピークは出やすい。
$\therefore \tau_{fd} < \tau_{fu}$		$\therefore \tau_{fd} > \tau_{fu}$	

8.3.5　砂質土，粘性土の一面せん断特性

ここでは，砂質土と粘性土のせん断特性を一面せん断試験によって説明する。

(1)　砂質土の一面定圧試験によるせん断特性

砂質土の一面定圧試験のせん断特性の例を**図-8.16** に示す。**図-8.16(1)**は初期密度が同じ場合のせん断応力τ－せん断変位δ関係，垂直変位ΔH－せん断変位δ関係，**図-8.16(2)**はせん断強さτ_f－圧密応力σ_c関係と強度定数，**図-8.16(3)**は密度別の$\tau-\delta$関係および$\Delta H-\delta$関係である。せん断特性の一般的な傾向は次の通りである。

1) ΔH（体積変化）はσ_cが小さいほど膨張側（ダイレイタンシー正）に，σ_cが大きいほど収縮側（ダイレイタンシー負）になる。

2) $\sigma_c-\tau_f$関係は，一般に細粒分を多く含む砂質土ではc_dが現れるが，細粒分が少ない砂ほど原点を通る直線（$c_d \fallingdotseq 0$）になる。

3) 密な砂は緩い砂よりも当然強いが，体積変化は膨張側を示し，δが小さい段階でτ_fのピークが現れる。緩い砂の体積変化は収縮側を示し，τ_fのピークが現れるδは大きい。

4) 密度が高いほど，砂粒子の表面が粗いほどϕ_dは大きくなり，概ね$\phi_d=30\sim45°$を示す。ただし，密度および細粒分含有率F_cが大きくなると，c_dも大きくなる。

なお，先のp.22の**補足**で説明したように，**図-8.16(2)**は垂直応力を一定に制御する真の定圧試験の場合を示しているが，垂直応力を制御しない簡易定圧試験の場合は**図-8.17**に示すように$\tau-\sigma$関係の応力経路を描いて，その包絡線または破壊時の垂直応力σ_fにおける定圧せん断強さτ_fから強度定数 $[c_d,\ \phi_d]$ を求めることができる。

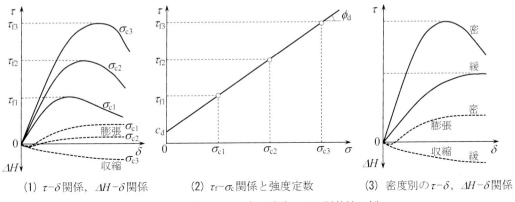

| (1) $\tau-\delta$関係，$\Delta H-\delta$関係 | (2) $\tau_f-\sigma_c$関係と強度定数 | (3) 密度別の$\tau-\delta$，$\Delta H-\delta$関係 |

図-8.16　砂質土の一面定圧試験のせん断特性の例

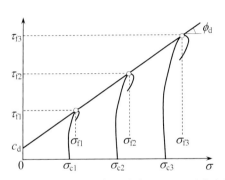

図-8.17　砂質土の一面簡易定圧試験における強度定数の求め方

(2) 砂質土の一面定体積試験によるせん断特性

砂質土の一面定体積試験のせん断特性の例を図-8.18 に示す。図-8.18(1)は初期密度が同じ場合の$\tau - \delta$関係，垂直有効応力$\sigma - \delta$関係，図-8.18(2)は$\tau - \sigma$関係（応力経路）と強度定数，図-8.18(3)は密度別の$\tau - \delta$関係および$\sigma - \delta$関係である。せん断特性の一般的な傾向は次の通りである。

1)ダイレイタンシー正，負に応じて，垂直有効応力が増加，減少する。

2)$\sigma - \tau$関係の応力経路の包絡線から有効応力に基づく強度定数 $[c', \phi']$ を求めることができる。これは $[c_d, \phi_d]$ とほぼ一致する。一般に砂では応力経路の包絡線による $[c_2', \phi_2']$ を用いる。

3)密な砂は緩い砂よりも当然強いが，正のダイレイタンシーによりσが増加するので，τ_fのピークが現れるδは大きい。緩い砂は負のダイレイタンシーによりσが減少するので，δが小さい段階でτ_fのピークが現れる。

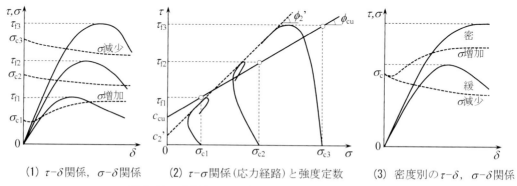

(1) $\tau - \delta$関係，$\sigma - \delta$関係　　(2) $\tau - \sigma$関係(応力経路)と強度定数　　(3) 密度別の$\tau - \delta$，$\sigma - \delta$関係

図-8.18　砂質土の一面定圧試験のせん断特性の例

(3) 粘性土の一面定体積試験によるせん断特性

粘性土の一面定体積試験のせん断特性として$\tau - \sigma$関係の応力経路の例を図-8.19に示す。粘性土の場合は，圧密降伏応力p_cのように，その土が受けてきた応力履歴の影響がせん断特性に強く現れ，p_c前後でせん断挙動が変わる。正規圧密域での強度線は原点を通る直線となる。過圧密域は正規圧密域の延長線よりも強くなる。一般的な飽和粘性土では，正規圧密域で$\phi_{cu} = 18.4°$（$\tan\phi_{cu} = s_u/p = 1/3$）程度となる。この**$s_u/p$**を正規圧密域の**強度増加率**と呼び，圧密応力$p(=\sigma_c)$のみでs_uを求めることができる。ただし，ϕ_{cu}は塑性が低い粘性土ほど小さく，塑性が高いほど大きくなる傾向があり，概ね$15 \sim 20°$（$s_u/p = 0.27 \sim 0.36$）を示す。

やはり$\tau - \sigma$関係から有効応力に基づく強度定数 $[c', \phi']$ を求めることができるが，一般に粘性土ではピーク強度を結んだ $[c_1', \phi_1']$ を用いる。これは $[c_d, \phi_d]$ とほぼ一致する。

なお，定体積試験から $[c', \phi'] \fallingdotseq [c_d, \phi_d]$ が得られることから，粘性土の定圧試験を実施することはあまりない（せん断時間が長期間となるので，実務には向かない）。

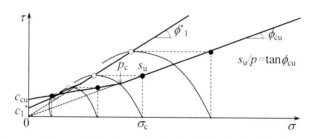

図-8.19　過圧密域を含む粘性土の一面定体積試験における強度定数の求め方

8.3.6　飽和粘土の3種類の排水条件に対するせん断強さ[4]

　表-8.2 に示した 3 種類の排水条件，非圧密非排水(UU)，圧密非排水(CU)，圧密排水(CD)条件に対応する乱さない飽和粘土の一面せん断試験による τ_f-σ 関係を模式的に図-8.20 に示す。過圧密，正規圧密域にまたがる試験を行うと，CU 強度線は**圧密降伏応力 p_c** で，また CD 強度線は**過圧密影響応力 σ_b**（CU 強度線の折点と同じせん断強さを与える垂直応力）で折れ，過圧密域では勾配がゆるくなり，粘着力成分 (c_{cu}, c_d) が現れる。一方，UU 強度線は水平 ($\phi_u=0°$) となる。なお，この関係は 8.5 の三軸圧縮試験でも基本的に同様となる。

　CU 強度線と CD 強度線の交点では CU 強度と CD 強度が等しくなるため，ダイレイタンシーが生じないことを表す。したがって，この交点の垂直応力が**ノンダイレイタント応力 σ_{nd}** となり，σ_{nd} でダイレイタンシーが逆転し，σ_{nd} 以下，以上で，それぞれダイレイタンシーが正，負となる。砂質土の場合には，粘土ほど顕著ではないが，密度の大きさ（締固めの大小）に依存して σ_{nd} が存在し，類似の挙動を示す。一般に，緩い砂は負のダイレイタンシー，密な砂は正のダイレイタンシーを示すのは，それぞれ σ_{nd} が小さい，大きいためである。

　図-8.20 の関係は，斜面安定計算を行う際の**一般全応力法**の適用に対応するものである。この点は**第 9 章斜面安定**の 9.7.4 を参照してほしい。

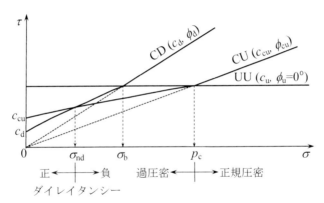

図-8.20　飽和粘土の3種類の排水条件に対するせん断強度 [4]

例題8.2　砂質土の一面簡易定圧試験を行って，以下の結果を得た。強度定数 c, ϕ を求めよ。

　　　[圧密応力 σ_c，τ_f 時の垂直応力 σ_f，せん断強さ τ_f] = [0.50, 0.80, 0.79]，[1.00, 1.60, 1.37]，

　　　[2.00, 2.80, 2.25]（単位：kgf/cm^2)

例題8.3　粘性土の一面定体積試験を行って，以下の結果を得た。強度定数 c_{cu}, ϕ_{cu} および c_i', ϕ_i' を正規圧密域，過圧密域ごとに求めよ。また，圧密降伏応力 p_c，ノンダイレイタント応力 σ_{nd}，正規圧密域の強度増加率 s_u/p を求めよ。

　　　[圧密応力 σ_c，τ_f 時の垂直応力 σ_f，せん断強さ τ_f] = [0.5, 0.40, 0.36]，[1.0, 0.60, 0.43]，[2.0,

　　　1.08, 0.67]，[3.0, 1.60, 1.00]（単位：kgf/cm^2)

8.4 一軸圧縮試験

8.4.1 一軸圧縮試験とは

図-8.21 に示す一軸圧縮試験（unconfined compression test）は，自立する円柱供試体に対して拘束圧が作用しない状態で軸方向に圧縮する試験であり，その最大圧縮応力を**一軸圧縮強さ q_u** という。主として乱さない粘性土および練り返した粘性土を対象とする。また，この試験は，締め固めた土，セメント改良土（安定処理土），砂質土などの自立する供試体にも準用できる。

一軸圧縮試験は，粘性土地盤の短期安定問題（UU 条件）に実用的に最も多く行われる試験で，現位置での非排水せん断強さ s_u を求めることができる。試験方法の詳細は「**土質試験-基本と手引き-**」第 13 章[5] を参照してほしい。

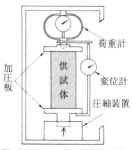

図-8.21 一軸圧縮試験[5]

8.4.2 一軸圧縮強さと非排水せん断強さとの関係

飽和粘性土の一軸圧縮試験は，圧密をさせず，比較的速い速度（圧縮ひずみ速度 1%/min）で圧縮するため，非圧密非排水（UU）試験と見なすことができ，三軸 UU 試験の側方向応力 $\sigma_r=0$ の条件に相当する。その関係は図-8.22 となり，モール円（8.5.2(1)参照）の包絡線は水平となり，強度定数は $[c_u, \phi_u=0°]$ となる。したがって，一軸圧縮強さ q_u から非排水せん断強さ s_u は次式で求めることができる。

$$s_u = c_u = q_u/2 \tag{8.2}$$

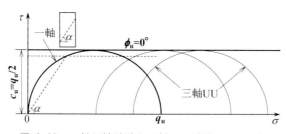

図-8.22 一軸圧縮試験と三軸 UU 試験のモール円

> 補足：本来，s_u は一軸圧縮試験の供試体のすべり面（角度 α）上の τ（図-8.22 の破線）とすべきであるが，q_u 値は一般に試料の乱れなどの影響で過小評価されることが多いので，上記のモール円の頂点（$\alpha=45°$）の c_u を s_u としている（図-8.29 の三軸 UU 試験も同様）。

8.4.3 鋭敏比と土の状態図

図-8.23 に示すように乱さない粘土供試体で求めた一軸圧縮強さ q_u と同じ土で含水比を変えずに練り返した供試体で求めた一軸圧縮強さ q_{ur} の比から，**鋭敏比 S_t** を次式で求めることができる（鋭敏性については**土質力学 I** の 3.5 を参照）。

$$S_t = q_u/q_{ur} \tag{8.3}$$

また，応力-ひずみ関係の接線勾配から変形係数 E_{50} を求めることができる（図-8.23 参照，ε_{50} は $q_u/2$ のときの圧縮ひずみ）。

$$E_{50} = q_u/2/\varepsilon_{50} \tag{8.4}$$

この E_{50} は擬似的な弾性定数として用いることができ，またサンプリング試料の乱れの程度を判断できる。

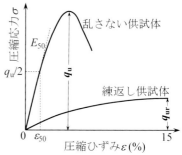

図-8.23 乱さない供試体と練返し供試体の一軸圧縮試験結果[5]

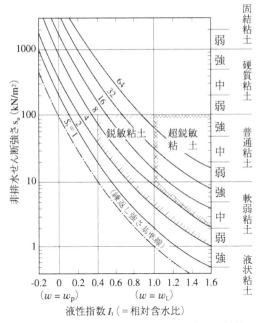

図-8.24　土の状態図（液性指数と非排水せん断強さ，鋭敏比の関係）[6]

　その土の液性指数 I_L（相対含水比 w_R）と非排水せん断強さ $s_u(=q/2)$，鋭敏比 S_t の関係を示したものが**図-8.24** に示す**土の状態図**である。この図から土の状態，鋭敏性を把握することができる。

8.4.4　飽和粘土の力学的性質の表現

　土の力学的性質（強さ，変形性，応力状態など）は，三笠[7]によって定性的には次式で表わされる。

土の力学的性質＝F（土の種類；土の状態）　　　（Fは関数の意味）

＝F（土の種類；密度，含水比，骨格構造）　　　　　　　　　(8.5)

土の種類は一次性質（固有な性質；粒度，コンシステンシー限界など）により，土の状態は二次性質（密度，含水比，骨格構造）で表される（土の一次性質，二次性質の分類表は，**土質力学Ⅰ**の**表-3.1**を参照）。

　式(8.5)の関係を用いると，飽和粘土では密度は含水比と従属関係となるので，次式となる。

飽和粘土の力学的性質＝F（土の種類；含水比，骨格構造）　　　　　　　　　(8.6)

また，土の種類と含水比は相対含水比 w_R（＝液性指数 I_L）で，骨格構造は鋭敏比 S_t（＝乱さない飽和粘土の強さ／練り返した飽和粘土の強さ）で表すことができるので，次式となる。

飽和粘土の力学的性質＝F（相対含水比，鋭敏比）　　　　　　　　　(8.7)

さらに，練り返した飽和粘土は骨格構造が消出した状態（鋭敏比＝1）となるので，その非排水せん断強さは相対含水比のみで決まることとなる。

飽和粘土の非排水せん断強さ＝F（相対含水比）　　　　　　　　　(8.8)

このような考えで提案された飽和粘土の状態を表したのが**図-8.24** の**土の状態図**である。

例題8.4　一軸圧縮試験を行って，以下の結果を得た。応力-ひずみ関係を図示し，q_u，s_u，E_{50} を求めよ。

　　　また，乱れの少ない粘土では，$E_{50}=210s_u$ といわれている。この試料の乱れの程度を説明せよ。

　　　[圧縮ひずみε，圧縮応力σ] = [0, 0]，[0.5, 0.25]，[1.0, 0.5]，[1.8, 0.75]，[2.5, 0.90]，[3.0,

　　　0.95]，[3.7, 1.00]，[4.5, 0.95]，[5.5, 0.75]，[6.0, 0.65]　　（単位ε：%，σ：kgf/cm^2）

8.5 三軸圧縮試験

8.5.1 三軸圧縮試験とは

　一般に三軸試験とは，ゴム膜で覆った供試体に3つの主応力を変化させて土の挙動を調べる試験をいう。排水条件の制御が容易で，間隙水圧測定によって供試体の有効応力を求めることができる特長があり，現在実務で最も普及している室内せん断試験である。ここでは最も一般的な**等方圧密**（側方向応力σ_r＝軸方向応力σ_a）後，軸方向応力σ_aを増加させて飽和土の供試体を圧縮する**軸対称**の三軸圧縮試験（triaxial compression test）を取り上げる（**図-8.5(1)**参照）。**図-8.25**に三軸圧縮試験機の構成例を示す。

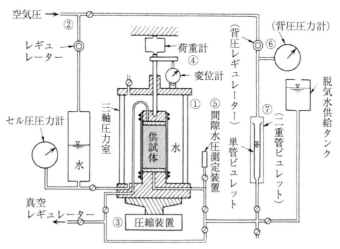

図-8.25　三軸圧縮試験機の構成例 [1]

8.5.2　モール円と三軸試験の強度定数の求め方

(1) モール円

　図-8.26のように三軸圧縮試験の円柱供試体に最大主応力σ_1，最小主応力σ_3（σ_aがσ_1，σ_rがσ_3，軸対称なので中間主応力σ_2＝σ_3）が作用しているとき，水平面（最大主応力面）からの角度がαである供試体内の平面上の垂直応力σ_αとせん断応力τ_αは面積Aを考えて力の釣り合いを考えると，次式で表される。

$$\begin{cases} \sigma_\alpha A = (\sigma_1 A\cos\alpha)\cos\alpha + (\sigma_3 A\sin\alpha)\sin\alpha \\ \tau_\alpha A = (\sigma_1 A\cos\alpha)\sin\alpha - (\sigma_3 A\sin\alpha)\cos\alpha \end{cases} \tag{8.8}$$

よって，
$$\begin{cases} \sigma_\alpha = \sigma_1\cos^2\alpha + \sigma_3\sin^2\alpha \\ \tau_\alpha = \sigma_1\sin\alpha\cos\alpha - \sigma_3\sin\alpha\cos\alpha \end{cases} \tag{8.9}$$

ここで，2倍角の公式 $\cos2\alpha = 2\cos^2\alpha - 1 = 1 - 2\sin^2\alpha$，$\sin2\alpha = 2\sin\alpha\cos\alpha$ を考慮すれば，

$$\begin{cases} \sigma_\alpha = \dfrac{\sigma_1+\sigma_3}{2} + \dfrac{\sigma_1-\sigma_3}{2}\cos2\alpha \\ \tau_\alpha = \dfrac{\sigma_1-\sigma_3}{2}\sin2\alpha \end{cases} \tag{8.10}$$

両式を2乗して加算し，$\sin^2 2\alpha + \cos^2 2\alpha = 1$を考慮すれば，次の円の方程式が得られる。

$$\left(\sigma_\alpha - \frac{\sigma_1+\sigma_3}{2}\right)^2 + \tau_\alpha{}^2 = \left(\frac{\sigma_1-\sigma_3}{2}\right)^2 \tag{8.11}$$

上式は垂直応力を横軸にせん断応力を縦軸にとれば，任意の角度αに対する$(\sigma_\alpha,\ \tau_\alpha)$は$\left(\dfrac{\sigma_1+\sigma_3}{2},0\right)$を中心とし，$\dfrac{\sigma_1-\sigma_3}{2}$を半径とする円周上に存在することを意味する。この円を**モール円**という。

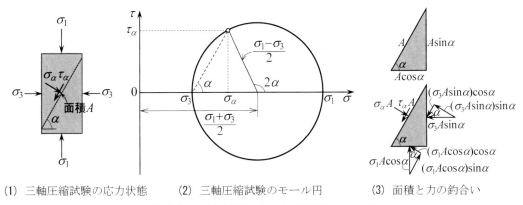

(1) 三軸圧縮試験の応力状態　　(2) 三軸圧縮試験のモール円　　(3) 面積と力の釣合い

図-8.26　三軸圧縮試験の応力状態とモール円

　$\alpha=0°$のとき，σ_αは最大となり最大主応力σ_1となり，水平面が最大主応力面となる。$\alpha=90°$のとき，σ_αは最小となり最小主応力σ_3となり，鉛直面が最小主応力面となる。主応力が働く面ではτは0となり，$\alpha=45°$（モール円の頂点）のとき，τは最大となる。

例題8.5　先の式(8.9)から式(8.10)の誘導，および式(8.10)から式(8.11)の誘導を示せ。

---

(2) モール・クローンの破壊規準

　三軸圧縮試験で供試体を圧縮する過程で最大主応力差$(\sigma_1-\sigma_3)_{max}$ $(=(\sigma_a-\sigma_r)_{max})$となった時を破壊と見なし（最大主応力比$(\sigma_1/\sigma_3)_{max}$を破壊と見なすこともある），その時の$\sigma_{1f}$と$\sigma_{3f}$で**図-8.27**に示すようなモール円を描く（三軸CD試験の場合）。全てのモール円に共通な包絡線が破壊を満たす場合を**モールの破壊規準**という（ただし，包絡線は直線とは限らない）。一方，クーロンの破壊規準の式(8.1)のように，モール円の接線が直線となる場合を**モール・クローンの破壊規準**という。三軸圧縮試験では軸方向応力σ_aを増加させるため，σ_aが最大主応力σ_1となり，最大主応力面は水平面となり，モール円の接点から求められる破壊角αは幾何学的に$\alpha=45°+\phi/2$となる（実はこれが供試体の実際の破壊角に等しい保証はないが）。

　一方，三軸伸張試験（**図-8.28**参照）では，軸方向応力σ_aを減少させる（または側方向応力σ_rを増加させる）ため，σ_rが最大主応力σ_1に，最大主応力面は鉛直面になり，水平面は最小主応力面になるため，$\alpha=45°-\phi/2$となる。三軸圧縮，三軸伸張の関係は，ランキンの土圧論の主働土圧，受働土圧の関係と同じとなる（**地盤基礎工学テキストの第1章土圧**を参照）。

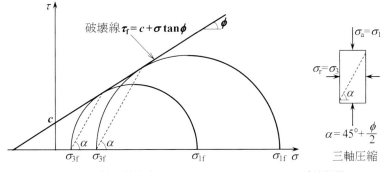

図-8.27　三軸圧縮試験におけるモール・クローンの破壊規準

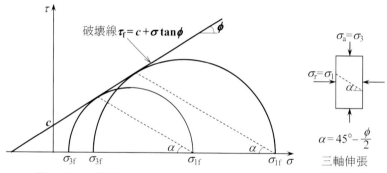

図-8.28　三軸伸張試験におけるモール・クローンの破壊規準

　三軸圧縮試験では基本的にモール・クローンの破壊規準が適用できるとして，間接的にせん断強さを求めている。試験条件としては，飽和土を対象とし，非圧密非排水(UU)，圧密非排水(CU)，圧密排水(CD)がある（以下ではそれぞれ三軸 UU 試験，三軸 CU 試験，三軸 CD 試験と呼ぶ）。なお，三軸 CU 試験は 2 種類の試験方法があり，間隙水圧を測定しない試験は単に三軸 CU 試験とし，間隙水圧を測定して有効応力を求める試験は三軸 $\overline{\text{CU}}$ (CU バー) 試験とし，区別している。各試験方法の詳細は「**土質試験−基本と手引き−**」第 15 章 [8] を参照してほしい。

8.5.3　三軸 UU 試験の強度定数と強度特性

　複数の供試体を異なる等方拘束応力 σ（$=\sigma_a=\sigma_r$）の下におき，圧密せずに非排水条件で軸方向応力 σ_a を増加させて軸方向に圧縮する過程で最大主応力差$(\sigma_a-\sigma_r)_{max}$ となった時を破壊と見なし，その時の σ_{af} と σ_{rf} でモール円を描く。その結果は，**図-8.29** に示すように飽和粘土では与えた等方拘束応力によらず一定の圧縮強さを示すため，モール円の直径は変わらず，破壊線は水平となり，$\phi_u=0°$ となる（側方向応力 $\sigma_r=\sigma_3=0$ の場合が 8.4 の一軸圧縮試験であった）。なお，三軸 UU 試験は与えた等方拘束応力で圧密しないので，その時点での有効応力は一定である。したがって，仮に UU 試験で間隙水圧を測って有効応力を測定すると，いずれも 1 つの有効応力のモール円に帰着する。

　三軸 UU 試験は一軸圧縮試験と同様に，現位置での非排水せん断強さ s_u を求めることが目的となる。本来，飽和粘土に適用するものであるが，不飽和土で実施すると間隙の空気が圧縮するため，拘束応力の増加ともに強度が上がるので，破壊線は水平とならず，$\phi_u > 0°$ となる。これは非排水条件とならないので，本来三軸 UU 試験の適用範囲外である。一方，硬質な洪積粘土，砂分が多い土（中間土という）及び亀裂性の粘性土での一軸圧縮試験では過小な強度となることが多いので，それらの土に対しては三軸 UU 試験を実施するのが適切である。

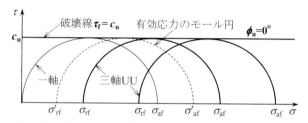

図-8.29　飽和粘土の三軸 UU 試験のモール円と強度定数

8.5.4　三軸 CU，$\overline{\text{CU}}$ 試験の強度定数と強度特性

(1)　全応力に基づく強度定数［c_{cu}, ϕ_{cu}］

　複数の供試体を異なる等方応力σ_c（$=\sigma_a=\sigma_r$）で圧密し，非排水条件で軸方向応力σ_aを増加させて軸方向に圧縮する過程で最大主応力差$(\sigma_a-\sigma_r)_{max}$となった時を破壊と見なし，その時の$\sigma_{af}$と$\sigma_{rf}$でモール円を描くことができる。しかし，非排水条件では供試体に過剰間隙水圧Δu（**補足**参照）が発生しているので，σ_{af}，σ_{rf}は有効応力でなく全応力である。この全応力のモール円にモール・クーロンの破壊規準を適用して接線による破壊線を引いて強度定数［c_{cu}, ϕ_{cu}］を求めても物理的な意味を持たない（これまで実務で誤って用いられていた）。CU 条件における強度定数［c_{cu}, ϕ_{cu}］の物理的意味は「**任意の圧密圧力σ_cで圧密された土が持つ非排水せん断強さ s_u を求めるための強度定数**」である。したがって，CU 強度を圧密圧力σ_cの真上にプロットして整理するのが正しい。その意味では［c_{cu}, ϕ_{cu}］は破壊規準というものではなく，σ_cに対する s_u を求めるために使うものと考えればよい。

> **補足**：三軸CU試験では等方圧密応力σ_cから軸方向応力を$\Delta\sigma_a$増加させるので，平均主応力σ_m（$=(\sigma_a+2\sigma_r)/3$）はσ_cから$\sigma_c+\Delta\sigma_a/3$となり，平均主応力は$\Delta\sigma_a/3$増加する。したがって，過剰間隙水圧は$\Delta\sigma_a/3$が自動的に発生し，さらに**ダイレイタンシーによるu_d**が発生する。

　三軸圧縮試験の CU 強度の決め方としていくつかの方法がある[8]が，最も実用的な方法は**図-8.30** に示すように，モール円の直径（主応力差$\sigma_a-\sigma_r$）を 3 等分し，3 等分線上のせん断応力を CU 強度と見なし，それを圧密圧力σ_c（$=\sigma_r$）の真上にプロットし，これを連ねる線を破壊線とし，［c_{cu}, ϕ_{cu}］を求めるものである。この方法はせん断破壊面が平均主応力面と見なすもので，破壊角は約55°となり，実際に近い。

　また，同様な考え方で，**図-8.31** に示すように全応力のモール円を直径$(\sigma_a-\sigma_r)$の 1/3 だけ原点方向にずらして接線を引いて破壊線としても同様な［c_{cu}, ϕ_{cu}］を求めることができる[9]。これは全応力から平均主応力増加分$\Delta\sigma_a/3$（上記**補足**参照）を差し引いた「**有効な全応力**」（9.7.1 参照）のモール円にモール・クーロンの破壊規準を適用したものとなる。

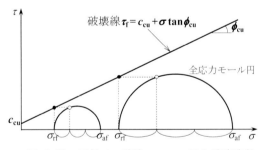

図-8.30　三軸 CU 試験のモール円と強度定数

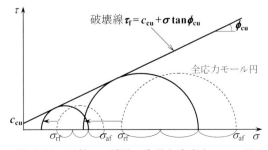

図-8.31　三軸CU 試験の有効な全応力モール円

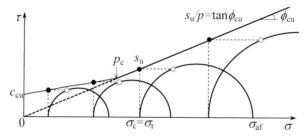

図-8.32　過圧密域を含む三軸 CU 試験の c_{cu}, ϕ_{cu} の求め方

　三軸 CU 試験の CU 強度を図-8.30 の整理を行うと，図-8.32 に示すように，過圧密域を含んで図-8.19 で示した一面定体積試験と同様な整理ができることが分かる。同様に正規圧密域での $\tan\phi_{cu}$ から強度増加率 s_u/p を求めることができる。

(2) 有効応力に基づく強度定数 [c', ϕ']

　一方，間隙水圧を測定する三軸 $\overline{CU}$（CU バー）試験では，有効応力 σ'_{af} ($=\sigma_{af}-\Delta u$) と σ'_{rf} ($=\sigma_{rf}-\Delta u$) が求められるので，8.5.5 の三軸 CD 試験と同様に，図-8.33 に示すように有効応力のモール円の接線による破壊線の切片と角度から有効応力に基づく強度定数 [c', ϕ'] が求められる。[c', ϕ'] ≒ [c_d, ϕ_d] となるので，CU 試験から CD 強度も求めることができる。なお，この整理を採用すれば，接点でのせん断応力を先の CU 強度と見なすこともできる。

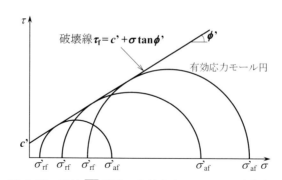

図-8.33　三軸 $\overline{CU}$ 試験の有効応力モール円と強度定数

(3) 三軸 $\overline{CU}$ 試験の強度特性

　粘土，砂質土の三軸 $\overline{CU}$ 試験の結果の例を図-8.34 に示す。三軸 $\overline{CU}$ 試験ではダイレイタンシーは過剰間隙水圧 Δu ($=\Delta\sigma_a/3+u_d$) として現れ，正圧の場合が正の，負圧の場合が負のダイレイタンシーを示すとするが，正しくは $u_d=\Delta u-\Delta\sigma_a/3$ がダイレイタンシー分の間隙水圧である（先の p.31 の補足参照）。

　図-8.34(1)は粘土の場合で，正規圧密では負のダイレイタンシーを示すので，Δu は正圧と現れ，有効応力が減少していくので，主応力差 $\sigma_a-\sigma_r$ はピークを示しやすい。重い過圧密（過圧密比 OCR が大）では正のダイレイタンシーを示すので，Δu は負圧と現れ，有効応力が増加していくので，主応力差 $\sigma_a-\sigma_r$ はピークを示しにくい。

　図-8.34(2)は砂の場合で，緩い砂では負のダイレイタンシーによって Δu は正圧，有効応力が減少していくので，主応力差 $\sigma_a-\sigma_r$ はピークを示しやすい。密な砂では正のダイレイタンシーによって Δu は負圧，有効応力が増加していくので，主応力差 $\sigma_a-\sigma_r$ はピークを示しにくい。ただし，より密な場合には有効応力増加によって応力経路が ϕ' 線に沿って上がっていき，$\sigma_a-\sigma_r$ も大きくなる。

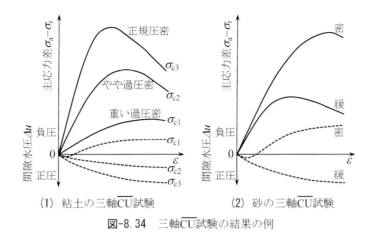

(1)　粘土の三軸$\overline{CU}$試験　　　　　(2)　砂の三軸$\overline{CU}$試験

図-8.34　三軸$\overline{CU}$試験の結果の例

8.5.5　三軸 CD 試験の強度定数と強度特性

(1)　強度定数 [c_d, ϕ_d]

　複数の供試体を用いて，異なる等方応力σ_c（$=\sigma_a=\sigma_r$）で圧密し，排水条件で軸方向応力σ_aを増加させて軸方向に圧縮する過程で最大主応力差$(\sigma_a-\sigma_r)_{max}$となった時を破壊と見なし，その時の$\sigma_{af}$と$\sigma_{rf}$で図-8.35に示すモール円を描く。CD 条件では間隙水圧が発生しないので，主応力は常に有効応力である。有効応力のモール円の接線による破壊線（モール・クローンの破壊を適用）の切片と角度から強度定数 [c_d, ϕ_d]が求められる。

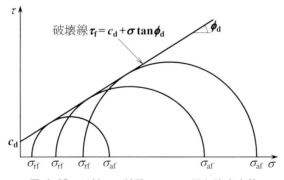

図-8.35　三軸 CD 試験のモール円と強度定数

(2)　三軸 CD 試験の強度特性

　砂の三軸 CD 試験の結果の例を図-8.36 に示す。基本的には 8.3.5(1)の一面定圧試験と同様で，緩い砂では負のダイレイタンシーによって体積ひずみε_vが収縮し，密度が増加するので，主応力差$\sigma_a-\sigma_r$はピークを示しにくい。密な砂では正のダイレイタンシーによってε_vが膨張し，密度が減少するので，$\sigma_a-\sigma_r$はピークを示しやすい。ただし，三軸 CD 試験では軸圧縮とともに（σ_aが増加），平均主応力σ_mが$\Delta\sigma_a/3$だけ増加するので，その分体積変化が大きくなる。この点は同じ CD 試験でも一面定圧試験とは異なる。

　図-8.37 に三軸 CD 試験におけるせん断抵抗角ϕ_d，間隙比 e，土質分類の関係の例を示す[10]。一般にϕ_dは，相対密度 D_r が大きいほど，間隙比 e が小さいほど，土粒子が角張っているほど，均等係数が大きいほど，粒径が大きいほど，大きくなる。

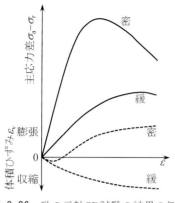

図-8.36　砂の三軸CD試験の結果の例

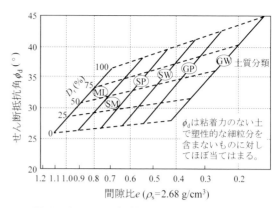

図-8.37　せん断抵抗角ϕ_d，間隙比，土質の関係[10]

例題8.5　粘土の三軸$\overline{\text{CU}}$試験を行って，以下の結果を得た。モール円を描き，強度定数 $[c_{cu}, \phi_{cu}]$，強度増加率s_u/pおよび $[c', \phi']$ を求めよ。

　　　$[$側方向応力$\sigma_r(=\sigma_c)$，破壊時の軸方向応力σ_{af}，破壊時の間隙水圧$u_f] = [1.0, 1.82, 0.60]$，$[2.0, 3.64, 1.20]$，$[3.0, 5.46, 1.80]$　（単位kgf/cm²）

例題8.6　砂の三軸CD試験を行って，以下の結果を得た。モール円を描き，強度定数 $[c_d, \phi_d]$ を求めよ。

　　　$[$側方向応力$\sigma_r(=\sigma_c)$，破壊時軸方向応力$\sigma_{af}] = [1.0, 3.85]$，$[2.0, 7.70]$，$[3.0, 11.60]$　（単位kgf/cm²）

8.5.6　その他の三軸試験

上記の以外の三軸試験として，以下が基準化されている（詳細は文献11)を参照）。

- **K_0圧密三軸圧縮・伸張試験**：K_0圧密（側方変位0の圧密）での圧縮，伸張試験
- **不飽和土の三軸圧縮試験**：不飽和土（間隙に水と空気がある土）の強度・変形特性を求める試験
- **繰返し非排水三軸試験**：土の液状化強度特性を求める試験
- **繰返し三軸試験**：土の変形特性（等価ヤング率 E_{eq}，履歴減衰率 h）を求める試験

補足：先に述べたように，実務の三軸圧縮試験は等方圧密が基本となっている。しかし，実際の地盤は側方変位が生じない「一次元圧密状態」（後述の**図-8.40**参照）にあるのが普通であり，鉛直応力σ_vに対して水平応力$\sigma_h(=K_0\sigma_v)$（K_0は静止土圧係数，一般に0.5程度）が小さい異方応力状態にある。したがって，σ_vをσ_cとして等方圧密すると，一次元圧密状態での平均主応力$\sigma_m = (\sigma_v + 2K_0\sigma_v)/3 = 2/3\sigma_v$（$K_0 = 0.5$仮定）よりも1.5倍大きいことになり，等方圧密でのせん断強さはかなり大きくなる。さらに，粘土ではその強度異性（8.6.2参照）からも鉛直供試体のせん断強さはより大きくなる。

よって，等方圧密の三軸圧縮試験の過大なせん断強さを斜面安定計算などに用いるのは危険側といえる。そこで，圧密中に側方向変位が生じないように側方向応力を制御して一次元圧密状態を再現する上記のK_0圧密三軸圧縮・伸張試験がより実地盤に近い試験であるが，試験方法がやや面倒なので，実務ではあまり用いられていないのが実情である。実務では相変わらず等方圧密の三軸圧縮試験が用いられているが，むしろ一面せん断定体積，定圧試験の方が実地盤に近く，実用的（**表-8.2**参照）と考えられる。

8.6　実地盤でのせん断強さの考え方

8.6.1　盛土と掘削でのせん断強さの取り方

(1)　盛土の場合（垂直応力が増加する場合）

図-8.38(1)のように粘土地盤に盛土した場合は，以下となる。

① 盛土直後（短期安定問題）：圧密は進行せず非排水状態となるので，盛土荷重は過剰間隙水圧が受け持ち，有効応力および非排水せん断強さも変わらない。その状態で盛土のよるせん断応力が増加するので，盛土完了直後が最も危険な状態になる。せん断強さは図-8.20 の UU 強度を採る（過圧密粘土であれば，過圧密域の CU 強度を UU 強度とする）。

② 長時間経過して盛土による圧密終了（長期安定問題）：図-8.20 の CU 強度線で盛土荷重 q を加えた垂直応力$(\sigma+q)$における CU 強度を採る。

　なお，砂礫地盤であれば，盛土による圧密は短時間で終了するので，時間に無関係に CD 強度を採り，図-8.20 の CD 強度線で q を加えた垂直応力$(\sigma+q)$における CD 強度を採る。

(2)　掘削の場合（垂直応力が減少する場合）

図-8.38(2)のように粘土地盤を掘削した場合は，以下となる。

① 掘削直後（短期安定問題）：やはり非排水状態で，掘削による除荷荷重は過剰間隙水圧が受け持ち（負圧），有効応力および非排水せん断強さも変わらないので，せん断強さは UU 強度を採る（過圧密粘土であれば，過圧密域の CU 強度を UU 強度とする）。

② 掘削後長時間経過して膨潤終了（長期安定問題）：膨潤が進行し，非排水せん断強さは低下していく。掘削前の垂直応力 σ から始まる過圧密域の図-8.20 の CU 強度線で掘削荷重 q を減じた垂直応力$(\sigma-q)$における CU 強度を採る。

③ ただし，掘削による除荷荷重の割合が大きくなる表層部の粘土で，垂直応力$(\sigma-q)$が図-8.20 の σ_{nd} 以下となれば，垂直応力$(\sigma-q)$における CD 強度を採る。

　なお，砂礫地盤であれば，掘削による膨潤は短時間で終了するので，時間に無関係に CD 強度を採り，図-8.20 の CD 強度線で掘削荷重 q を減じた垂直応力$(\sigma-q)$における CD 強度を採る。

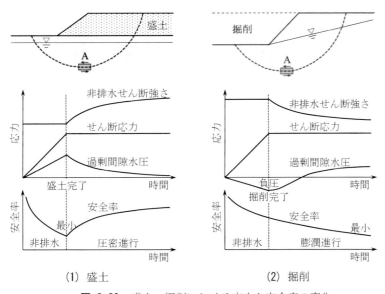

図-8.38　盛土，掘削における応力と安全率の変化

(3) 粘土地盤での応力履歴の影響

　粘土の非排水せん断強さは圧密圧力の影響を受けて変化する。これを応力履歴の影響と呼んでいる。今，**図-8.39**(1)のように，正規圧密粘土地盤中の土要素 a，b の強度が**図-8.39**(2)の $\tau_f-\sigma$ 関係上で σ_a，σ_b 上の τ_a，τ_b にあるとして，再度，盛土・掘削した場合を応力履歴の影響として以下に説明する。

　この地盤上に盛土①が施工された直後は，全応力は盛土分 q だけ増えるが，圧密は進まず有効応力の変化はない。したがって，強度は変わらず，盛土過程における安定計算は元々の τ_a，τ_b（UU 強度）を用いて行う。次に，圧密に伴って有効応力が増し，最終的に (σ_a+q)，(σ_b+q) になった時の強度は正規圧密の $\tau_f-\sigma$ 直線上をたどって τ_{aq}，τ_{bq}（CU 強度）となる。なお，盛土①の上にさらに盛土②が施工された直後は，τ_{aq}，τ_{bq} で安定計算を行う。

　盛土①を撤去（除荷）すると，撤去直後はやはり圧密（この場合は吸水膨張）しないので，強度は τ_{aq}，τ_{bq} のままである。撤去後時間が経つと（吸水膨張は圧縮に比べて短時間に終わる），有効応力は元の σ_a，σ_b に戻るが，粘土は過圧密状態になるので，せん断強さは過圧密域の $\tau_f-\sigma$ 曲線上をたどり τ_{ao}，τ_{bo} となる。通常，せん断試験を行う場合は特定の圧密降伏応力 p_c を持った供試体を用いるから，**図-8.20** のように 1 本の過圧密域の $\tau_f-\sigma$ 曲線が得られる。除荷した場合は深さごとに異なる過圧密域の $\tau_f-\sigma$ 曲線が必要であるので，試験で得られる $\tau_f-\sigma$ 関係を直線近似して，深さごと（安定計算を円弧すべりで行うなら，各分割片のすべり面の位置）にこれと平行な $\tau_f-\sigma$ 関係を設定する。(2)で述べたように，除荷量が大きく，**図-8.20** に示した $\sigma<\sigma_{nd}$ となる場合は CD 強度を採ることになる。

　CD 条件の場合に問題となるのは掘削（切り取り）などで荷重が減る場合の過圧密状態である。過圧密域の CD 強度は有効応力の減少とともに CU 条件よりも急激に弱くなる。特に段丘の硬い洪積粘土や粘土化の進んだ風化岩では，掘削時の手応え（これは CU 強度と考えられる）よりも強度は低くなる。掘削除荷後の CD 強度は上記の CU 強度と同様に応力履歴を考えて求める。なお，このような切取り斜面の崩壊例が多いのは，除荷後の強度変化を正しく推定しきれていないのに加えて，表面乾燥によって発生するクラックの内部への進行，乾燥と降雨による湿潤の繰返しで粘土の粒子間結合がなくなって団粒の細粒化による二次的な強度低下も原因している。これらに対しては表面の保護層（法枠工など）が有効である。

　細粒分を含まない砂礫の CD 条件では，通常応力履歴の影響は考えなくてよく，一組の c_d，ϕ_d（$c_d=0$ とすることが多い）で表される。細粒分を含む場合は粘土の場合と同様に応力履歴の影響を考えておく必要がある。ただし，安全側として正規圧密域の $\tau_f-\sigma$ 関係だけで全体を代表させる場合も多いが，細粒分が多い土の ϕ_{cu} 値は大きくないので，過圧密域の強度を正当に評価しないと，非常に不経済な設計となる。

　斜面安定計算での強度定数の使い方の詳細は，**第 9 章斜面安定**の **9.7** を参照してほしい。

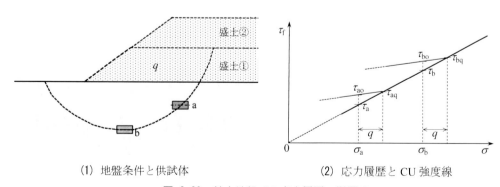

　　　(1) 地盤条件と供試体　　　　　　(2) 応力履歴と CU 強度線

図-8.39　粘土地盤での応力履歴の影響 [12]

8.6.2　粘土地盤の強度異方性

　一般に，粘土地盤は**図-8.40**に示すように一次元圧密（静止土圧状態）にあり，鉛直応力σ_vに対して水平応力$\sigma_h = K_0\sigma_v$（K_0は静止土圧係数で一般に0.5程度）が小さい異方応力状態にあるため，せん断面の角度と方向によって強度および変形性が異なる性質を示す。この性質を**強度異方性**という。

　水平面からの角度θの面にはθによって異なる垂直応力σ_θとせん断応力τ_θが働いている。この粘土地盤が**図-8.41**にように盛土によって円弧すべり破壊が生じる場合には，土要素 A でのすべり破壊は**図-8.39**のτ_θの方向と同じとなり，土要素 B では逆方向となる。この A，B の状態は土圧論における主働土圧と受働土圧（**地盤基礎工学テキストの第1章土圧**を参照）に対応するので，それぞれ主働せん断，受働せん断と呼ばれている。また，A，B はそれぞれ三軸圧縮試験，三軸伸張試験にも対応する。さらに，C の状態は水平せん断で一面せん断試験に対応する。一般に，このような円弧すべり面上ではせん断面の角度と方向によって強度および変形性が異なる性質を示す。

　一次元圧密粘土の異方性を一面せん断 UU 試験で調べた結果の例を**図-8.42**に示す。$\theta=0°$，$30°$，$45°$，$60°$，$90°$で切り出した供試体で主働，受働せん断した結果である。**図-8.42(1)**の強度分布から，全体に主働せん断は受働せん断よりも大きく，$\theta=45°$の面が最大，最小を示し，この$\theta=45°$軸を対称軸とした強度分布となる。一方，水平面（$\theta=0°$），鉛直面（$\theta=90°$）では主働，受働の区別がないので，強度は等しい。また，**図-8.42(2)**のせん断応力－せん断変位関係から，主働せん断では比較的小さい変位で明瞭なせん断応力のピークを示すのに対して，受働せん断ではピーク時の変位が大きい。

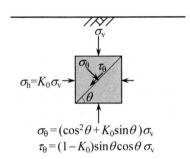

$$\sigma_\theta = (\cos^2\theta + K_0\sin\theta)\sigma_v$$
$$\tau_\theta = (1-K_0)\sin\theta\cos\theta\,\sigma_v$$

図-8.40　一次元圧密の応力状態

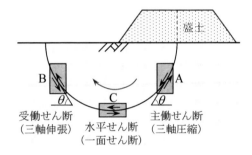

図-8.41　主働・受働せん断の概念

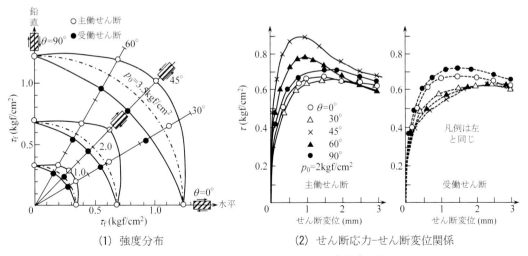

（1）強度分布　　　　　（2）せん断応力－せん断変位関係

図-8.42　一面せん断UU試験による強度異方性[13]

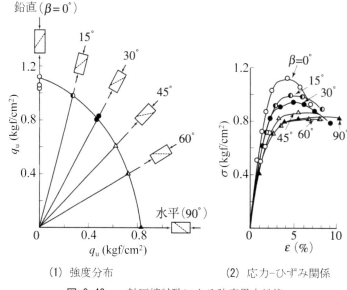

（1）強度分布　　　　　　　　　（2）応力-ひずみ関係

図-8.43　一軸圧縮試験による強度異方性[13]

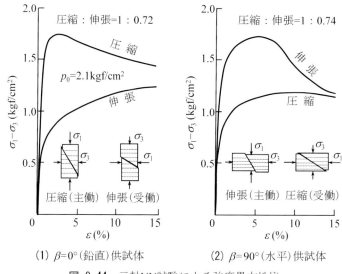

（1）β=0°（鉛直）供試体　　　　　　（2）β=90°（水平）供試体

図-8.44　三軸UU試験による強度異方性[13]

　次に，同じく一次元圧密粘土の異方性を一軸圧縮試験で調べた例を**図-8.43**に示す。鉛直軸と供試体軸のなす角度βを0°〜90°に切り出した供試体で一軸圧縮した結果である。通常の一軸圧縮試験として行われる鉛直供試体（β=0°）の強度が最も強い。鉛直から離れるに従って強度は小さくなり，破壊ひずみが大きくなり，水平供試体（β=90°）の強度は鉛直供試体の75%程度となっている。なお，供試体の破壊面の角度はいずれも水平面に対して約60°であった。

　さらに，一次元圧密粘土のβ=0°（鉛直），β=90°（水平）供試体の三軸UU圧縮・伸張試験の結果の例を**図-8.44**に示す。β=0°では圧縮が伸張よりも強いが，β=90°では逆になる。β=0°の圧縮強度とβ=90°の伸張強度およびβ=0°の伸張強度とβ=90°の圧縮強度はほぼ等しい。また，応力-ひずみ関係はβ=0°の圧縮試験とβ=90°の伸張試験で明瞭な応力のピークを示すのに対し，β=0°の伸張試験とβ=90°の圧縮試験では明瞭なピークは現れない。供試体の破壊面の角度はいずれの場合も最大主応力面に対して約60°であった。

　また，より一般的な K_0 圧密した粘土の強度増加率は三軸圧縮（主働せん断），三軸伸張（受働せん断）でそれぞれ 0.33，0.19 となり，三軸伸張は三軸圧縮の 60%弱となり，**図-8.39** に示したすべり面上の平均せん断強さは三軸圧縮の 80%程度と言われている [14]。これは一面定体積せん断強さに近い。

　以上の一面 UU 試験と一軸・三軸 UU 試験を，せん断面の角度 θ と供試体軸と鉛直軸がなす角度 β，およびすべりの向き（主働，受働）をそろえて対応させる**図-8.45** のようになる。一軸，三軸 UU 圧縮試験の $\beta=0°$ と 90°の供試体は，一面 UU 試験のそれぞれ A 点（$\theta=60°$の主働せん断）と G 点（$\theta=30°$の受働せん断）に対応している。また，A 点，G 点はそれぞれ三軸 UU 伸張試験の $\beta=90°$，0°にも対応する。この強度異方性から通常の三軸圧縮試験の強度は大きく，三軸伸張試験の強度は小さい。しかし，一面せん断試験の通常の水平供試体（**図-8.45** の E_1 点）の強度は，ちょうど三軸圧縮と三軸伸張との平均的な強度を示している。

　本来であれば，この強度異方性の影響を斜面安定計算（**第 9 章斜面安定**参照）に用いるべきであるが，まだ研究段階の扱いとされており，用いられていない。ただし，通常用いられる等方圧密の三軸圧縮試験による CU 強度（p.34 の**補足**参照）は強度異方性からも過大な値（**図-8.45** の A 点）となるので，異方性を考慮しないなら，平均的なせん断強さとなる一面定体積 CU 強度（**図-8.45** の E_1 点）の方が適用性は高いと考えられる。

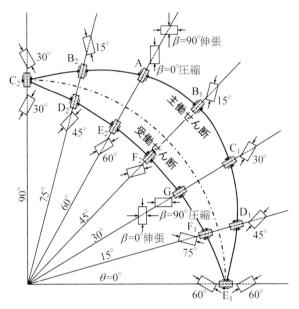

図-8.45　一面 UU 試験と一軸・三軸 UU 試験の対応 [13]

演習8.1 下表は，ある土に対して圧密圧力σ_cを3通り（試験A，B，C）に変えて行った三軸CD試験の結果である。土の破壊はモール・クーロンの破壊規準に従うとして，以下の問いに答えよ。

(1) 破壊時のモール円を描き，せん断抵抗角ϕ_dを求めよ。

(2) 試験番号Bについて，破壊面と最大主応力面のなす角度を求めよ。

(3) 試験番号Bについて，破壊時に供試体に作用する最大せん断応力および最大せん断応力面上の垂直応力を求めよ。

(4) 試験番号Bについて，破壊時に破壊面と直交する面上に作用する垂直応力とせん断応力を求めよ。

試験番号	圧密圧力σ_c (kgf/cm^2)	破壊時の軸応力 σ_{af} (kgf/cm^2)
A	0.5	1.5
B	1.0	3.0
C	1.5	4.5

演習8.2 ある正規圧密粘土に対して三軸$\overline{CU}$試験を行って以下の結果を得た。モール円とその接線である破壊線（モール・クーロンの破壊規準線）を描き，[c_{cu}, ϕ_{cu}]，[c', ϕ'] を求めよ。

試料番号	圧密圧力 σ_c (kgf/cm^2)	破壊時の軸差応力 $\sigma_a-\sigma_r$ (kgf/cm^2)	破壊時の過剰間隙水圧 Δu_f (kgf/cm^2)
1	0.5	0.4	0.3
2	1.0	0.8	0.6
3	2.0	1.6	1.2

演習8.3 ある飽和粘土に対して圧密試験，一軸圧縮試験，一面定圧せん断試験，一面定体積せん断試験を行い，以下の結果を得た。$\tau_f-\sigma$関係の図を整理し，正規圧密域および過圧密域における[c_d, ϕ_d]，[c_{cu}, ϕ_{cu}] および強度増加率s_u/pを求めよ。

圧密降伏応力p_c=1.70 kgf/cm^2，一軸圧縮強さq_u=1.02 kgf/cm^2，一面せん断試験結果は下表。

垂直応力(kgf/cm^2)	定体積せん断強さ(kgf/cm^2)	定圧せん断強さ(kgf/cm^2)
0.50	0.33	0.33
1.00	0.42	0.49
1.50	0.47	0.70
2.00	0.60	0.93
2.50	0.75	1.17
3.00	0.90	1.40

演習8.4 下図に示す正規圧密粘土が厚く堆積した地盤の上に，高さ10mの盛土を3段階に分けて構築する。第1段階では2m，第2段階では3m，最終段階では5mの盛土を行う。第2段階以降の盛土は，前段階施工後に粘土地盤の圧密完了を待って実施する。また，盛土施工前に粘土層から試料を採取して一面定体積せん断試験を行って下表の結果を得た。

　第1段階の盛土建設開始時から第3段階盛土建設終了後に粘土地盤の圧密が終了するまでの下図のA点における鉛直方向の①全応力，②間隙水圧，③有効応力，④非排水せん断強さの時刻歴（各値の経時変化を表す図）を描き，各パラメータの変動や相互関係を考察せよ。なお，粘土層は均質であるとする。

注1）4つのパラメータの関係が理解できるように工夫して作図せよ。

注2）圧密に伴う間隙水圧の変動は圧密理論（**土質力学Ⅰ**参照）に従うが，地盤内応力の計算（**第7章**のオスターバーグの図表を用いる）を簡単とするため，粘土地盤は圧密しない（層厚は変化しない）と仮定する。

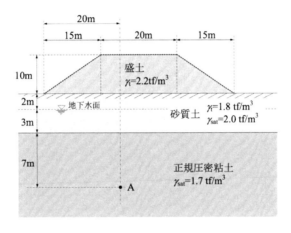

試験番号	圧密圧力(kgf/cm²)	定体積せん断強さ(kgf/cm²)
1	1.20	0.36
2	1.50	0.45
3	1.80	0.54

引用文献

1) 土質工学会：土質試験法 −第一回改訂版−，pp.331-332，1969.

2) 地盤工学会：土質試験−基本と手引き−［第 3 回改訂版］，第 14 章，2022.

3) 大島昭彦・高田直俊・坂本佳理：一面せん断従来型定圧試験と真の定圧試験の比較，第 31 回地盤工学研究発表会発表講演集，pp.665-666，1996.

4) 三笠正人：土の力学における 2 つの視点について，土質力学展望−全応力法と有効応力法によるアプローチ−，pp.19-33，1978.

5) 地盤工学会：土質試験−基本と手引き−［第 3 回改訂版］，第 13 章，2022.

6) 三笠正人：粘性土の状態図について，第 22 回土木学会年次学術講演会，pp.Ⅲ6-1-Ⅲ6-2，1967.

7) 三笠正人：土の力学における構造の概念の意義について，第 17 回土木学会年次学術講演会，pp.35-38，1962.

8) 地盤工学会：土質試験−基本と手引き−［第 3 回改訂版］，第 15 章，2022.

9) 望月秋利・Liu Yujian・Ma Xianfeng，勝田守文：三軸 CU 試験と CU 強度の整理法，地盤工学会誌，Vol.69，No.1，pp.29-33，2021.

10) Holts, R.D. and Kovacs, W.D.：An introduction to geotechnical engineering, Prentice-Hall Inc., pp.517-518, 1981.

11) 地盤工学会：地盤材料試験の方法と解説［第一回改訂版］，第 7 編変形・強度試験，pp.575-830，2020.

12) 高田直俊：土質力学の諸問題，大阪市職員研修所，第 35 回技術講座（第 1 部），pp.9-10，1991.

13) 三笠正人・高田直俊・大島昭彦：一次元圧密粘土と自然堆積粘土の非排水強度の異方性，土と基礎，Vol.32, No.11，pp.25-30，1984.

14) Ladd, C.C.: Discussion, Main session IV, Proc. 8th ICDMFE, Vol.4, pp.108-115，1973.

第9章
斜面安定

　本章では，まず，斜面，斜面安定，安全率などの定義について説明する。次に，無限斜面の安定，円弧すべり面に対する安定計算方法について説明する。次に，地震時の安定計算法，斜面安定に関わるその他の要因，複合すべり面の安定計算方法を説明する。さらに，斜面安定計算における強度定数の使い方として，全応力法と有効応力法の違い，一般全応力法を適用方法について説明する。最後に，斜面災害(土砂災害)の実態を示す。なお，斜面安定計算のためには第8章の土のせん断強さの知識が必須である。

2016年熊本地震の阿蘇大橋での斜面崩壊

9.1 斜面安定とは

9.1.1 斜面と斜面安定の定義

　豪雨や地震によって山地・丘陵地，道路・宅地盛土，河川堤防などの斜面で地盤災害が毎年多発している。高低差のある傾斜した地盤を一般に**斜面**（Slope）と呼んでいる。斜面は山地・丘陵地などの**自然斜面**，河川堤防・ダム・道路盛土・宅地造成・基礎掘削などの盛土や切土によって生まれる**人工斜面**（人工斜面を**法面**（のりめん）と呼ぶことも多い）に分類される。斜面には常時，重力作用ですべらそうとする力（せん断力）が作用するので，安全性が損なわれ，斜面災害（土砂災害）が起こり得る（**9.8**参照）。

　斜面安定（Slope stability）とは，重力，地震力，地下水の浸透力，表流水，載荷重などの単独または複合原因の下で，斜面に対する安全性（破壊するか，安定か）を検討することをいう。

　斜面安定解析（Slope stability analysis）とは，一般にすべり面を種々仮定し，すべり土塊に働く力の釣合いから斜面破壊に対する安全性を安定計算方法に基づいて安全率を求めることをいう。

9.1.2 斜面の名称と勾配

　斜面（法面）は，**図-9.1**に示すように法肩，法先（法尻），小段（犬走り）からなる。

　斜面勾配（法面勾配）は，**図-9.2**に示すように斜面の高さと水平距離の比（$1:n$）で表し，nの整数部分を割，それ以下を分，厘と呼ぶ。例えば，$n=0.5$の場合は5分勾配，$n=1.25$の場合は1割2分5厘勾配，$n=2$の場合は2割勾配と呼ぶ。nが大きいほど緩やかな勾配となる。

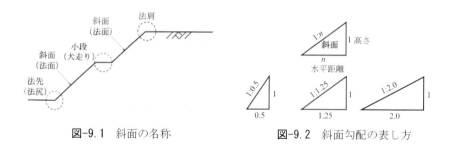

図-9.1　斜面の名称　　　　　図-9.2　斜面勾配の表し方

9.1.3 斜面の安定要素

　斜面の破壊形態には，表層崩壊や底部破壊，さらには土石流や表面水による表層侵食など，いろいろな形態が見られる。この破壊形態の違いは斜面の高さ，勾配などの斜面の幾何学的形状，構成材料や表面状態，外的・内的作用力の違いによって生じる。斜面の構成材料，高さ，勾配などの構成要素と破壊形態には概ね次のような相互関係がある。岩盤を除く土砂斜面に対して，まず安定検討で注目すべき要因を破壊形態と合わせ，また，安定検討に必要な要因を次のように整理する。

(1) 斜面構成材料の分類

　斜面安定を考える際の構成材料の分類と分類指標は次のようになる。

　① 粘性土〜粘土：粗粒分少，透水性小，含水比大，液性・塑性限界試験可能

　② 砂質土〜砂：細粒分少，透水性中〜大，含水比小，液性・塑性限界試験不可，乾燥強度小，ダイレイタンシー現象顕著

　③ 粘土まじり砂礫：透水性小〜中，締固め密度大，密度大，乾燥強度あり

　④ 礫・大礫：細粒分少，礫粒子どうしが直接接触，透水性大，密度大

　⑤ 風化地山〜軟岩：節理発達岩盤，風化した岩塊は掘削して乱すと①〜④のどれかに分類される

　⑥ 特殊土：火山灰質粘性土：鋭敏比大，火山灰性礫：密度小，シラス：細砂，など地域性大

(2) 破壊状況

上記構成材料と破壊形態（**図-9.3**）の関連は粘着力，摩擦力，透水性が主要因であるが，おおよそ次のようになる。前面倒壊はここでは省く。

- ・表層すべり破壊：直線すべり：②，③，④
- ・底部すべり破壊：円弧すべり，複合すべり：①，③
- ・前面倒壊：直立，急斜面（粘着力と耐圧縮性材料）：③，⑤，⑥

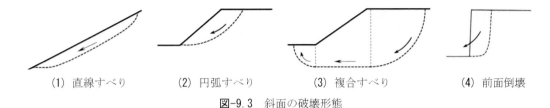

|(1) 直線すべり|(2) 円弧すべり|(3) 複合すべり|(4) 前面倒壊|

図-9.3　斜面の破壊形態

(3) 斜面の安定要因

斜面の安定に関わる要因はきわめて多いので，安定検討においては関連要因の見落としが致命的になることがある。要因と力学的関連を次に示す。

① 幾何学的形状：高さ，勾配 … 応力状態，破壊面の連続性

② 地盤構成：強度・変形性，層序，透水性，密度 … 破壊面の連続性，間隙水圧の発生，地盤応力

③ 地下水条件：水位，水量 … 浸透力，有効応力状態，せん断抵抗

④ 表面水条件：水量，流速 … 浸透水量，掃流力

⑤ 表面状態：透水性，強度 … 浸透水量，表面侵食抵抗

⑥ 外力：地震力，載荷重 … 応力状態，せん断抵抗

9.1.4　すべり破壊に対する斜面の安全率

斜面の**安全率**F_s（Safety factor）とは，すべり破壊に対する安定性の程度を表すものである。**図-9.4**に示す斜面勾配θに置いた重量Wの物体と斜面表面との摩擦力がクーロンの摩擦則に従うとき，すべり面に働く滑動力T，土のせん断抵抗Sは次式となる。

滑動力：$T = W\sin\theta$

せん断抵抗力：$S = N\tan\phi + cl = W\cos\theta\tan\phi + cl$

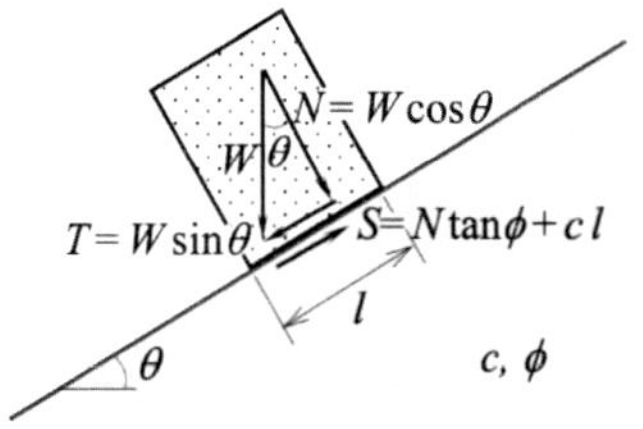

図-9.4　斜面上の物体の釣合い

よって，安全率F_sは抵抗力に対する滑動力の比と定義できる。

$$F_s = \frac{S}{T} = \frac{W\cos\theta\tan\phi + cl}{W\sin\theta} = \frac{\tan\phi}{\tan\theta} + \frac{cl}{W\sin\theta} \tag{9.1}$$

$F_s \geqq 1$ときは安定（破壊しない），$F_s < 1$ときは不安定（破壊）となる。ここで，$c=0$であれば次式となり，斜面勾配θよりもϕが大きければ，この斜面は安定といえる。この$\theta = \phi$を**安息角**という。

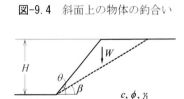

図-9.5　直線すべり

$$F_s = \frac{\tan\phi}{\tan\theta} \tag{9.2}$$

図-9.3(1)や**図-9.4**の直線すべりの場合には，すべり面の傾斜角βをθと置けば，式(9.1)が直接適用できる。

一方，**図-9.3**(2)，(3)の円弧すべり，複合すべりの場合には，抵抗モーメントに対する滑動モーメントとの比で安全率が定義される（9.3.2参照）。

例題9.1 下図に示す高さH＝5mで斜面勾配θ＝45°の斜面がある。破線で示す直線のすべり面（傾斜角β＝35°）を仮定した場合，土塊の滑動（すべり）に対する安全率F_sを求めよ。

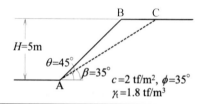

H＝5m
θ＝45°
β＝35°
c＝2 tf/m², ϕ＝35°
γ_t＝1.8 tf/m³

9.2 無限斜面の安定計算

地表面の勾配が一定で無限に続く斜面を**無限斜面**という。斜面が表層で直線的にすべる場合（**図-9.3(1)**参照）は，無限斜面の安定計算法を用いるとよい場合が多い。

9.2.1 斜面に浸透流がない場合

図-9.6に示すように，斜面に平行な深さzの**仮想すべり面**を設定し，単位体積重量γ_tを有する単位幅（水平長さ），単位奥行きの土塊の釣合いを考える（二次元問題）。浸透流がない場合には，有効応力は全応力に等しいので，次のようになる。

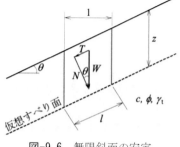

土の重量：$W＝\gamma_t \cdot z$

滑動力：$T＝\gamma_t \cdot z \sin\theta$

垂直力：$N＝\gamma_t \cdot z \cos\theta$

粘着力：$cl＝c(1/\cos\theta)$

図-9.6　無限斜面の安定

よって，すべり面の安全率F_sは次式となる。

$$F_s = \frac{N\tan\phi + cl}{T} = \frac{\gamma_t z \cos\theta \tan\phi + c/\cos\theta}{\gamma_t z \sin\theta} = \frac{\tan\phi}{\tan\theta} + \frac{c}{\gamma_t z \sin\theta \cos\theta} \tag{9.3}$$

c＝0と見なせる場合（細粒分の少ない砂，礫）は，先の式(9.2)と同じとなり，斜面勾配θよりもϕが大きければ，この斜面は安定といえる。

ここで，式(9.3)において，F_s＝1のときのzを**限界高さH_c**とおくと，次式が得られ，H_cよりも浅部では安定，H_cよりも深部ではすべることとなる。

$$H_c = \frac{c}{\gamma_t} \frac{1}{(\tan\theta - \tan\phi)\cos^2\theta} \tag{9.4}$$

これは粘着力cの効果が浅いところで大きく（表面でF_sが無限大），深くなると減少するためである。

9.2.2 斜面に平行な浸透流がある場合の安定

この場合には，すべり面の垂直応力を有効応力で考える。斜面の透水性が等方的であるとすれば，**図-9.7**に示すように流線網は正方形の格子状になる。したがって，等ポテンシャル線の鉛直高さ（全水頭は位置水頭に等しい）から間隙水圧が求まる。

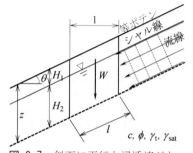

間隙水圧：$u＝\gamma_w \cdot H_2 \cos^2\theta$

全間隙水圧：$U＝ul＝\gamma_w \cdot H_2 \cos\theta$

垂直力：$N＝(\gamma_t \cdot H_1 + \gamma_{sat} \cdot H_2)\cos\theta$

図-9.7　斜面に平行な浸透流がある場合の安定

よって，想定すべり面の有効垂直力N'，粘着力cl，滑動力Tは，

有効垂直力：$N'=N-U=\gamma_t \cdot H_1 \cos\theta + (\gamma_{sat}-\gamma_w)\cdot H_2 \cos\theta = \gamma_t \cdot H_1 \cos\theta + \gamma' \cdot H_2 \cos\theta$

粘着力：$cl = c(1/\cos\theta)$

滑動力：$T = (\gamma_t \cdot H_1 + \gamma_{sat}\cdot H_2)\sin\theta$

となり，斜面の安全率F_sは次式で求めることができる。

$$F_s = \frac{N'\tan\phi + cl}{T} = \frac{(\gamma_t H_1 \cos\theta + \gamma' H_2 \cos\theta)\tan\phi + c/\cos\theta}{(\gamma_t H_1 + \gamma_{sat}H_2)\sin\theta}$$

$$= \frac{(\gamma_t \cdot H_1 + \gamma' \cdot H_2)\tan\phi}{(\gamma_t \cdot H_1 + \gamma_{sat}\cdot H_2)\tan\theta} + \frac{c}{(\gamma_t \cdot H_1 + \gamma_{sat}\cdot H_2)\sin\theta\cos\theta} \tag{9.5}$$

ここで，$c=0$ である場合には，

$$F_s = \frac{(\gamma_t \cdot H_1 + \gamma' \cdot H_2)\tan\phi}{(\gamma_t \cdot H_1 + \gamma_{sat}\cdot H_2)\tan\theta} \tag{9.6}$$

また，地下水面が地表面に一致している場合（$H_1=0$，$z=H_2$）には，

$$F_s = \frac{\gamma'\tan\phi}{\gamma_{sat}\tan\theta} + \frac{c}{\gamma_{sat}\cdot z \sin\theta\cos\theta} \tag{9.7}$$

となり，この場合の安全率が最も小さくなる。式(9.7)において，$F_s=1$のときのH_2を**限界高さH_c**とおくと，次式が得られ，H_cよりも浅部では安定，H_cよりも深部ではすべることとなる。

$$H_c = \frac{c}{\gamma_{sat}}\frac{1}{\{\tan\theta - (\gamma'/\gamma_{sat})\tan\phi\}\cos^2\theta} \tag{9.8}$$

さらに，$H_1=0$，$c=0$ である場合には，

$$F_s = \frac{\gamma'\tan\phi}{\gamma_{sat}\tan\theta} \tag{9.9}$$

となる。ここで注意すべきは，この場合のF_sは，浸透流がない平時の場合（式(9.2)）の$[\gamma'/\gamma_{sat}]$倍なることである。このことは，通常の砂地盤の斜面が強雨浸透で飽和すると，安全率が平時の約 1/3〜1/2 に減ることを意味している。降雨による斜面崩壊のほとんどは，これに起因しているといえる。

例題9.2　右図に示す勾配$\theta=25°$の無限斜面がある。地表面下4mまでが砂質土で，地表面下2mの深さを地下水面とし，斜面に平行な浸透流が発生している。以下の問いに答えよ。

(1) この斜面のすべりに対する安全率F_sを求めよ。

(2) 降雨によって砂質土層内の地下水位が地表面まで上昇した場合の安全率F_sを求めよ。

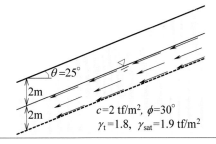

9.3 円弧すべり面の安定計算

9.3.1 $\phi=0$法

　粘土地盤のせん断強さが粘着力c_u（=非排水せん断強さs_u）のみで$\phi_u=0°$として行う安定計算法を**$\phi=0$法**という。すなわち，せん断強さが有効土被り圧p（圧密圧力）のみで決まるとするものである。これは，ある応力で圧密された土の非圧密非排水（UU）強度（**8.2.4(1)**参照）を考えており，低透水性の飽和粘性土地盤に適用される。せん断抵抗力Sは円弧の長さlとその深度のUU強度$c_u=s_u$のみで決まる。したがって，正規圧密粘土地盤のSは次式となる。詳細は**9.3.2**，**9.7**で説明する。

$$S_i=c_i\cdot l_i=(s_u/p)_i\cdot p_i\cdot l_i \tag{9.10}$$

　図-9.8に示すのは**テイラー（Taylor）の安定図表**と呼ばれるもので，$\phi=0$法によって計算された均質な粘土地盤からなる斜面の安定図表である。斜面が安定を保てる（破壊しない）限界高さH_cと非排水せん断強さs_u，単位体積重量γ_tとの関係が次式の安定係数N_sとなることを示したものである。

$$N_s=\frac{\gamma_t H_c}{s_u} \tag{9.11}$$

N_sは斜面の傾斜角と深さ係数n_d（=基盤からの高さH_1／斜面高さH，**図-9.9**参照）で決まる無次元量である。傾斜角βの斜面において$\phi=0°$の場合のN_sの最小値を示したのが**図-9.8**である。**図-9.10**に斜面破壊モード（斜面先破壊，底部破壊，斜面内破壊）を示すが，$\beta\geqq53°$の急斜面では斜面先破壊が起こるが，$\beta<53°$ではn_dとβに応じて底部破壊や斜面内破壊も生じる。

　ただし，一般に正規圧密粘土地盤は深さ（したがって圧密圧力）に比例して非排水せん断強さが増えるので，この図表を直接適用できるものではないが，概略の検討を行うのに用いることができる。

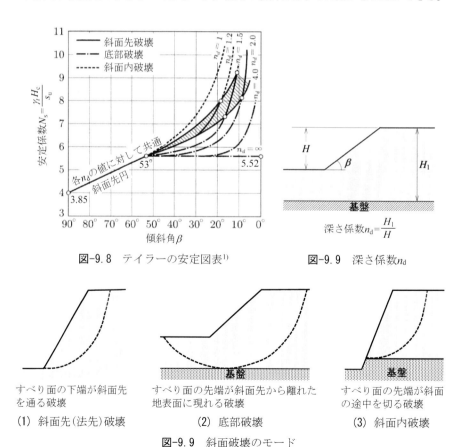

図-9.8　テイラーの安定図表[1]　　　　図-9.9　深さ係数n_d

（1）斜面先（法先）破壊　　　　（2）底部破壊　　　　（3）斜面内破壊

すべり面の下端が斜面先を通る破壊　　すべり面の先端が斜面先から離れた地表面に現れる破壊　　すべり面の先端が斜面の途中を切る破壊

図-9.9　斜面破壊のモード

例題 9.3　右図に示す粘土地盤を 6m 掘削して斜面（傾斜角$\beta=30°$）
　　　　とした。この場合の斜面の破壊モードと斜面の安全率 F_s
　　　　を求めよ。

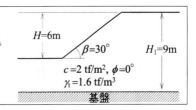

例題 9.4　右図に示す粘土地盤に鉛直な溝（$\beta=90°$）を掘削する場合，
　　　　溝が破壊しない深さ H を求めよ。

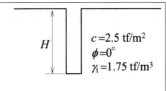

9.3.2　分割法

　先のテイラーの安定図表は，単純斜面で，土質が均一（深さ方向に強度が一定）でなければ適用できない。このような斜面は実際には少なく，複雑な地盤条件では層ごとにせん断強さが異なることが多い。そこで，斜面をいくつかの分割片（スライス）に分割して安定計算を行う**分割法**（Slice Method）が一般的に用いられている。

　円弧すべり面の場合の分割法による計算方法を**図-9.11(1)**に示す。各スライスの抵抗力Sと滑動力Tを合算し，斜面の安全率F_sは円弧すべり面の中心に関する「抵抗モーメントM_R／滑動モーメントM_D」として計算する。

$$F_s = \frac{S}{T} = \frac{\sum S_i}{\sum T_i} = \frac{M_R}{M_D} = \frac{\sum M_{Ri}}{\sum M_{Di}} \tag{9.12}$$

　図-9.11(2)は一つのスライスに働く力を示したもので，スライスの自重$W_i=\gamma_t b_i h_i$，スライス底面（すべり面）に働く垂直力$N_i=W_i\cos\alpha_i$（間隙水圧がある場合には$+ul$），すべり面に働くせん断抵抗力$S_i=N_i\tan\phi_t$ $+c_i l_i$，スライス間に働く水平力E_i，E_{i-1}および垂直力X_i，X_{i-1}からなる。これらの力が釣り合っている状態にあるときの力の多角形を描くと**図-9.11(3)**となる。これを基に力の釣合い式，破壊規準式，モーメントの釣合い式を用いて安全率を求めるが，未知数に比べて方程式の数が不足する不静定問題となり，水平力E_i，E_{i-1}および垂直力X_i，X_{i-1}に関する仮定が必要となる。

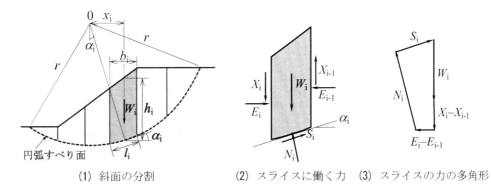

（1）斜面の分割　　（2）スライスに働く力　（3）スライスの力の多角形

図-9.11　分割法による安定計算方法

(1) フェレニウス法

図-9.11(2)のスライス側面に働く力を$E_i=E_{i-1}$および$X_i=X_{i-1}$と仮定した簡便分割法を**フェレニウス（Fellenius）法**または**スウェーデン法**という。この場合には抵抗モーメントM_R, 滑動モーメントM_Dは以下のようになる。

$$\sum M_{Ri} = r \sum (W_i \cdot \cos\alpha_i \tan\phi_i + c_i \cdot l_i)$$

$$\sum M_{Di} = \sum W_i \cdot x_i = r \sum W_i \cdot \sin\alpha_i$$

したがって, 式(9.12)は以下のようになる。

$$F_s = \frac{\sum (W_i \cos\alpha_i \tan\phi_i + c_i l_i)}{\sum W_i \sin\alpha_i} \tag{9.13}$$

ただし, 図-9.12のように斜面が水浸している場合や図-9.13のように浸透流がある場合には間隙水圧uを考慮して, 以下のようになる（9.2.2参照）。

$$F_s = \frac{\sum \{(W_i \cos\alpha_i - ul) \tan\phi_i + c_i l_i\}}{\sum W_i \sin\alpha_i} \tag{9.14}$$

なお, この際に適用できる強度定数$[c, \phi]$は, 圧密排水（CD）条件となる砂質地盤であり, $[c_d, \phi_d]$または$[c', \phi']$である（非排水条件では$[c', \phi']$は用いることはできない, 9.7.3参照）

一方, 粘土地盤のように非圧密非排水(UU)条件で$\phi=0$法を適用する場合には, 垂直力$W\cos\alpha$に対する$\tan\phi$を取る必要はなく, 各スライスのすべり面上の非排水せん断強さs_uをcに適用して, 以下でよい。

$$F_s = \frac{\sum s_{ui} l_i}{\sum W_i \sin\alpha_i} \tag{9.15}$$

フェレニウス法は, 計算精度は劣るが, 誤差が安全側で計算が簡便なため, 一般に広く用いられている。

(2) 地下水位以下の土の扱い方

静水圧状態では, 地下水位以下にある土の単位体積重量, および円弧すべり面内の水の扱い方に次の2つの方法がある。

① 自重W_iを算定する際に, 地下水位以下にある土の単位体積重量は浮力を考慮したγ'を用いる（$W_i = \gamma_t \cdot H_1 + \gamma' \cdot H_2$, 図-9.12参照）。この方法は, 有効土被り圧を直接求めているので, 円弧内の（地下水を含む）水は中立状態となり, 考慮する必要はない。この方法は**修正フェレニウス法**と呼ばれる。

② 抵抗モーメントM_{Ri}を求める際のW_iは, 全体に対してγ_t（水単独の部分はγ_w）を用い, 水位以下のすべり面上の合計間隙水圧をW_iから差し引いて有効土被り圧を求める。滑動モーメントM_{Di}を求める際は, 上記の間隙水圧を差し引かないW_iを用いる。

②の方法がどの場合にでも適用できる一般性を有するが, 浸透流の存在しない静水位状態の安定計算には, ①の方法が簡単で, 間違いがない。ただし, 図-9.13のように, 浸透流がある場合は, ①の方法は使えないので, すべり面上の間隙水圧を求め, ②の方法を用いる。

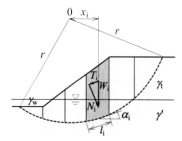

図-9.12 地下水位がある場合の円弧すべり

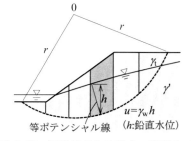

図-9.13 浸透流がある場合の円弧すべり

例題 9.5 下図に示す砂質土斜面（地下水位はない）の円弧すべりを想定した場合の安全率 F_s をフェレニウス法によって求めよ。なお，図の b, h, α はそれぞれスライスの横幅，高さ，すべり面角度を表す。

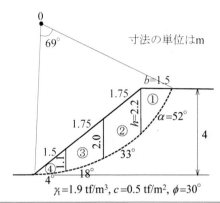

(3) ビショップ（Bishop）法

　円弧すべりを仮定した分割法による安定計算法で，9.3.2(1)のフェレニウス法と並ぶ代表的な分割法である。厳密法と簡易法があるが，一般に簡易法を用いることが多い。簡易法では**図-9.10(2)**に示したスライス間力の内，垂直力 $X_i = X_{i-1}$ と仮定して，土のせん断抵抗力を $S = (c + \sigma\tan\phi)/F_s$ によって表し，この強度で滑動モーメントと抵抗モーメントの釣合いを考えると，安全率 F_s は次式によって求めることができる。

$$F_s = \frac{1}{\sum W_i \sin\alpha_i} \sum \left\{ \frac{(W_i \cos\alpha_i - ul\cos\alpha_i)\tan\phi_i + c_i l_i \cos\alpha_i}{\cos\alpha_i + (\sin\alpha_i \tan\phi_i)/F_s} \right\} \tag{9.22}$$

右辺の F_s を仮定し，左辺の F_s を計算し，両者が一致するまで繰返し計算を行う。

　ビショップ法は(1)のフェレニウス法よりも計算精度が良いが（F_s は小さめに算出される），繰返し計算を行う必要があるため，やや面倒となる。

(4) ヤンブ（Janbu）法

　(3)のビショップ法を任意形状のすべり面（非円弧）に適用した方法をヤンブ法という。水平力と鉛直力の釣合いとスライス底面の合力の作用点に関するモーメントの他，水平方向のスライス間力 E_i, E_{i-1}（**図-9.11(3)**）の作用点高さを仮定して求めた複数の釣合い式による。F_s はやはり繰返し計算によって求める。

(5) 摩擦円法

　一様な斜面の円弧すべりに用いられる古典的図解法で，**図-9.8**のテイラーの図表はこれによって作られた。均質な強度を持つ地盤にのみ適用できる方法なので，適用範囲が狭いため，実務ではあまり使われていない。

(6) 臨界円

　上記の分割法では当然ながら最も危険となる（安全率が最小となる）円弧すべり面を探す必要がある。そこで**図-9.14**に示すように円弧の中心をいく通りかに変えたすべり面について計算した中で最小安全率となる円弧中心を求める。最小安全率を生じるすべり面を**臨界円**という。実務では通常，コンピュータによって計算して求めている。

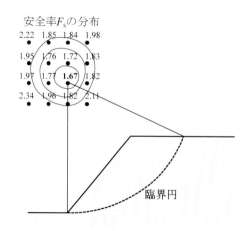

安全率F_sの分布

2.22	1.85	1.84	1.98
1.95	1.76	1.72	1.83
1.97	1.77	**1.67**	1.82
2.34	1.96	1.82	2.11

臨界円

図-9.14 臨界円の設定方法

補足：参考のため，遠心模型実験で粘土斜面の破壊実験を行った例を**図-9.15**に示す[2],[3]。この模型斜面は高さH_m=10cm，勾配1:0.8（傾斜角β=51.3°）で，圧密圧力8 tf/m²で再圧密した粘土である。この模型斜面に遠心加速度場を与えたところ，遠心加速度121g（重力加速度gの121倍）で斜面先（法先）の円弧すべりが形成され，123gで一気に破壊した。すなわち，実物相当の高さH_p=0.1m×121=12.1mで破壊したもので，先のテイラーの安定図表からn_d=5.5とすると，式(9.11)より（γ_t=1.6 tf/m³として），この斜面のs_uは3.5 tf/m²と推定できる。

なお，**図-9.15**の写真の白いラインは着色した素麺で，全体の変形を見るもので，小さい黒い点は標点で，その変位を読み取って図化したのが**図-9.15**の右側の変位図である。

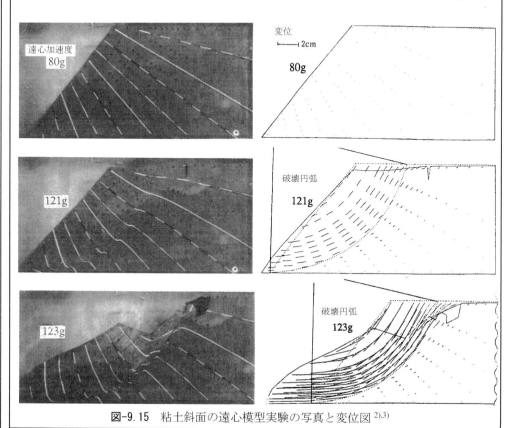

図-9.15 粘土斜面の遠心模型実験の写真と変位図[2],[3]

9.4　地震時の安定計算方法

　地震時の安定計算では，水平・鉛直地震力を「**静的震度法**」によって与えるのが一般的である。これは**図-9.16**に示すように，水平に土塊重量Wのk_h倍，垂直にk_v倍の力が付加された状態を考えている。k_h，　k_vをそれぞれ**水平震度**，**鉛直震度**といい，重力加速度gを1とした加速度比で与える。土構造物に対しては，通常は水平震度のみを考え，構造物の重要性と地域特性を考慮して，**0.15～0.20**の値が用いられる。鉛直震度を考慮すべき場合は，直下型地震の場合であるが，土構造物は剛性が低いために直下型地震特有の短周期の加速度に対して敏感ではないので，無視してよい。

　滑動モーメントの計算法は，**図-9.16**のように各分割片重量Wに水平震度k_hを乗じて求まる水平力を与え，次式で滑動モーメントM_Dを求める。y_iは円の中心から分割片の鉛直重心Gまでの距離である。

$$M_D = \sum W_i \cdot x_i + \sum k_h W_i \cdot y_i = \sum W_i \cdot r\sin\alpha_i + \sum k_h W_i \cdot r\cos\alpha_i$$

せん断抵抗は

$$S_i = N\tan\phi_i + c_i l_i = (W_i\cos\alpha_i - k_h W_i\sin\alpha_i - ul)\tan\phi_i + c_i l_i$$

抵抗モーメントM_Rは

$$M_{Ri} = r\sum S_i$$

よって，安全率F_sは次式で求める。

$$F_s = \frac{\sum\{(W_i\cos\alpha_i - k_h W_i\sin\alpha_i - ul)\tan\phi_i + c_i l_i\}}{\sum(W_i\sin\alpha_i + k_h W_i\cos\alpha_i)} \tag{9.16}$$

せん断抵抗算出のための強度定数とすべり面上の有効垂直力は先に述べたように，土質材料の透水性によって選ぶ。

　粗砂・礫・不飽和砂は，CD条件で強度定数は$[c_d,\ \phi_d]$または$[c',\ \phi']$を，すべり面上の有効垂直力の算定には次式で求める。

$$N_i = W_i\sqrt{1+k_h^2}\cos(\alpha_i + \beta_i) \tag{9.17}$$

　粘性土・飽和砂は，UU条件で強度定数はc_{cu}，ϕ_{cu}またはs_u/pを，すべり面上の有効垂直力の算定は非圧密なので，地震前と同じで求める。

$$N_i = W_i\cos\alpha_i$$

安全率F_sはやはり次式で求める。

$$F_s = \frac{\sum S_i}{\sum T_i} = \frac{\sum M_{Ri}}{\sum M_{Di}} \tag{9.12}$$

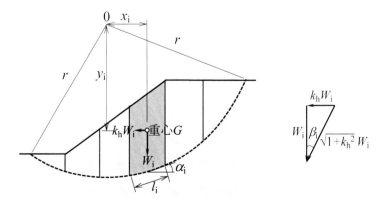

図-9.16　地震時の安定計算の方法

9.5 斜面安定に関わるその他の要因

9.5.1 すべり面上の垂直応力の補正

先に述べた計算法は，すべり面の角度αが鉛直に近い部分ではすべり面上の垂直応力$\sigma_n\,(=(W\cos\alpha)/B)$が小さく計算されるために，$\phi$成分が卓越する砂・礫斜面の場合には，せん断抵抗を過小評価し，過剰に安全側の値を与えることになる。実際には，図-9.17に示すように水平土圧の分力もすべり面に働いているので，これを考慮する場合には，水平土圧を考慮して次のようにすべり面上の垂直応力σ_nを算出する。

$$\sigma_n = \frac{W\cos\alpha}{B/\cos\alpha} = \frac{W\,K\sin\alpha}{B/\sin\alpha} = \frac{W}{B}(\cos^2\alpha + K\sin^2\alpha) \tag{9.18}$$

上式でKは土圧係数で，砂・礫では$K=0.5$程度（静止土圧係数）に選ぶ。

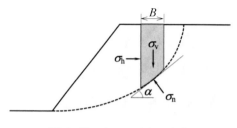

図-9.17 すべり面上の応力

9.5.2 引張亀裂

粘着力成分cを有する土の斜面が変形してすべり破壊に至る場合，図-9.18に示すように，斜面上面に鉛直な引張亀裂を生じることが多い（地すべりの明瞭な兆候）。この亀裂部は斜面の破壊に対する抵抗に寄与しない。引張亀裂の深さは鉛直斜面の最大自立高さz_cに等しいことが多い。

これは，次式のランキン（Rankin）の主働土圧式

$$\sigma_{ha} = \gamma z \tan^2\left(45° - \frac{\phi}{2}\right) - 2c \tan\left(45° - \frac{\phi}{2}\right) \tag{9.19}$$

において，主働土圧σ_{ha}が0となる深さzが次式の自立高さz_cとなる。すなわち，z_cは水平土圧が発生しない鉛直面の限界高さを意味する。

$$z_c = \frac{2c}{\gamma} \tan\left(45° + \frac{\phi}{2}\right) \tag{9.20}$$

安定計算に引張亀裂を考慮するのは，斜面勾配が大きく，かつ細粒分が多い土で構成される斜面の場合であるが，適用には判断が必要である（これを考慮すれば，常に安全側の計算となるので）。

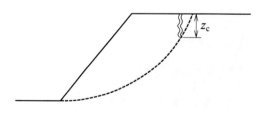

図-9.18 引張亀裂と自立高さz_c

補足：9.5.2, 9.6.2のランキン（Rankin）の主働土圧σ_{ha}，受働土圧σ_{hp}および主働全土圧P_a，受働全土圧P_pについては，**地盤基礎工学テキスト**の**第1章土圧**で学習するので，詳細はそのテキストを参照してほしい。

9.6　複合すべり面の安定計算

9.6.1　複合円弧すべりによる計算法

　図-9.19に示すように，2つの円弧ですべり面が近似できる場合に，安全率F_sで土塊が安定を保っているとする。まず，AB間において，

　　　　滑動モーメント：W_1x_1，抵抗モーメント：$r_1(l_1S_1/F_s)$

この力の差をPとし，これがBD面に伝わるとすると，作用点をBDの深さの2/3として（静水圧分布の仮定から），円弧中心からの半径をa_1とすると，

$$P = \frac{r_1(l_1S_1/F_s) - W_1x_1}{a_1}$$

　次に，BC間において，

　　　　すべりモーメント：W_2x_2，抵抗モーメント：$r_2(l_2S_2/F_s)$

上2者とPとの釣合い関係は，

　　　$Pa_2 + W_2x_2 = r_2(l_2S_2/F_s)$

共通するPを消去すれば，安全率は次式となる。

$$F_s = \frac{a_2r_1(l_1S_1) + a_1r_2(l_2S_2)}{a_2W_1x_1 + a_1W_2x_2} \tag{9.21}$$

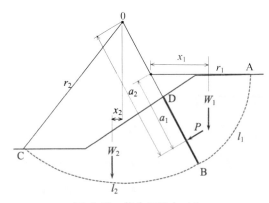

図-9.19　複合円弧すべり

9.6.2　土圧（直線すべり）による計算法

(1)　力の比で安全率を計算する場合

　あまり厚くない軟弱粘土層の上に盛土を行う場合には，**図-9.20**に示すようなすべり（押出し）破壊が生じる。このような場合は，鉛直面Aの受働全土圧P_p，面Bの主働全土圧P_a，軟弱粘土層のすべり面Cのせん断抵抗力Tの釣合いを考える。ここでは**図-9.20**に示す具体的な数値を用いて示す（$c=0$とする）。

　この場合には面A，B，Cには奥行き1m当たり以下の力が生じる。

　　　　面Aに働く受働全土圧：$P_p = \dfrac{1}{2}\gamma_t D^2 K_p = \dfrac{1.8 \times 1^2 \times 3}{2} = 2.70\,\text{tf}$

　　　　面Bに働く主働全土圧：$P_a = \dfrac{1}{2}\gamma_t H^2 K_a = \dfrac{1.8 \times 4^2 \times 0.33}{2} = 4.75\,\text{tf}$

　　　　面Cのせん断抵抗力：$T = cl = 1.5 \times 3 = 4.50\,\text{tf}$

ここに，K_p，K_aは受働土圧係数，主働土圧係数である。安全率F_sの計算には，3通りの組合せがある。

　　　　面A：$F_s = \dfrac{P_p}{P_a - T} = \dfrac{2.70}{4.75 - 4.50} = 10.7$

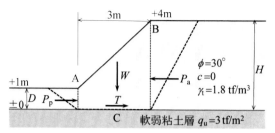

図-9.20 土圧による安定計算

面B：$F_s = \dfrac{P_p + T}{P_a} = \dfrac{2.70 + 4.50}{4.75} = 1.52$

面C：$F_s = \dfrac{T}{P_a - P_p} = \dfrac{4.50}{4.75 - 2.70} = 2.20$

これらの中ですべり力に減算の要らない面Bでの釣合いから求めたF_s=1.52が，この斜面の安全率となる。

(2) 土の強さに安全率を考慮する場合

図-9.20に対して，他の材料分野で採られている「許容応力」の概念を用い，滑動力と抵抗力が釣合っているものとしてF_sを求める。すなわち，せん断強さτ_fをF_s分，割り引いた許容せん断応力τ_aとする。

$$\tau_a = \frac{\tau_f}{F_s} \tag{9.22}$$

まず，安全率をF_s=1.5と仮定する。

$$\tan\phi_1 = \frac{\tan\phi}{F_s} = \frac{\tan 30°}{1.5} \text{から，} \phi_1 = 21.1°$$

このϕ_1=21.1°における主働，受働土圧係数はK_a=0.471，K_p=2.01となる。また，割り引いたせん断強さはc_1=1.5/1.5=1.0 tf/m²。したがって，全土圧とせん断抵抗力Tは，

P_a=0.471×1.8×4²/2＝6.79 tf

P_p=2.12×1.8×1²/2＝1.91 tf

T=3×1＝3.0 tf

となる。これらを用いて面A，B，Cの釣合いを上述の(1)の安全率の式（F_sをf_sに読み替えて）で計算すると，次のように釣合っていない。

面A：f_s=0.504，面B：f_s=0.723，面C：f_s=0.615

次に，F_s=1.3として同様に求めると（上の計算でどれかの面でf_s=1のときは残りの2者もf_s=1となるから，1つの面で考えればよい），

ϕ_1=23.9°，K_a=0.423，K_p=2.37，c_1=1.15 tf/m²。したがって，P_a=6.09 tf，P_p=2.13 tf，T=3.6 tf

面Aでの釣合いは，f_s=0.812

次に，F_s=1.25として同様に求めると，

ϕ_1=24.8°，K_a=0.409，K_p=2.44，c_1=1.20 tf/m²。したがって，P_a=5.89 tf，P_p=2.20 tf，T=3.6 tf

面Aでの釣合いは，f_s=0.959

次に，F_s=1.24として同様に求めると，

ϕ_1=25.0°，K_a=0.406，K_p=2.46，c_1=1.21 tf/m²。したがって，P_a=5.85 tf，P_p=2.22 tf，T=3.63 tf

面Aでの釣合いは，f_s=0.996≒1.0

以上の計算から，安全率はF_s=1.24となる（上述の(1)の場合と安全率が異なることに注意）。

9.7　斜面安定計算における強度定数の使い方

9.7.1　全応力法と有効応力法の基本的な考え方[4),5),6)]

　斜面安定計算を行う際に用いる強度定数の選択方法に，「**全応力法**」と「**有効応力法**」がある。全応力法は，斜面が破壊される前の全応力から中立の間隙水圧（静水圧，浸透流による水圧）を差し引いた「**有効な全応力**」（破壊前の有効応力と言ってもよい，補足参照）に基づいて，斜面破壊時の排水条件（UU，CU，CD）に応じて $[c_u, \phi_u]$，$[c_{cu}, \phi_{cu}]$，$[c_d, \phi_d]$ の強度定数を使い分ける方法である。

　一方，有効応力法は，土のせん断強さは有効応力で決まるため，斜面が破壊する際に発生する間隙水圧 u_d（ダイレイタンシーによる）を考慮したすべり面上の有効応力を推定し，排水条件によらず，有効応力に基づく強度定数 $[c', \phi']$ のみを用いる方法である。逆に言えば，全応力法は u_d を考えず（強度定数に u_d が含まれる），破壊前の有効応力で強度を規定するものである。

> 補足：全応力法は，間隙水圧を含んだ全応力に基づくと勘違いされることがあるが，土のせん断強さは中立の間隙水圧を差し引いた有効応力に基づくのは当然であり，間隙水圧を含んだ全応力ではなく，破壊前の有効応力（中立間隙水圧を差し引いた有効な全応力）によってせん断強さを規定するものである。
>
> 　一方，有効応力法を全応力から中立の間隙水圧を差し引いただけの有効応力に基づくものと勘違いしている場合もあるが，上記のように破壊時に発生する間隙水圧も考慮したものが本来の有効応力法である。

9.7.2　排水（CD）条件での全応力法と有効応力法の比較

　排水（CD）条件では過剰間隙水圧は 0 であり，一般に，$[c_d, \phi_d] \fallingdotseq [c', \phi']$（どちらも有効応力に基づく強度定数）であるため，両者の違いは基本的にない。

9.7.3　非排水（UU，CU）条件での全応力法と有効応力法の違い

　非排水（UU，CU）条件では両者に違いが生じる。先に述べたように，全応力法では $[c_u, \phi_u=0]$ と $[c_{cu}, \phi_{cu}]$，有効応力法は $[c', \phi']$ を用いることになる。両者の考え方を，一面定体積せん断試験を基に**図-9.21**に示す。図中の○が全応力法の，●が有効応力法のせん断強さを表す。なお，図中の u_d は破壊時に発生する間隙水圧としているが，定体積試験では破壊に至る有効応力の減少量に相当する。

　① **全応力法**：圧密圧力 σ_c で圧密された地盤の非排水強度 s_u を CU 試験による τ_f を用いて，次式で求める方法である。

$$\tau_f = c_{cu} + \sigma_c \tan\phi_{cu} \tag{9.23}$$

なお，先に述べたように，全応力法と言いながらも σ_c 基準なので，全応力から中立の間隙水圧（静水圧，浸透流による水圧）を差し引いた破壊前の有効応力（有効な全応力）が基準となる。正規圧密粘土であれば，CU 強度線が原点を通る直線となり，$c_{cu}=0$ となるので，

$$\tau_f = \sigma_c \tan\phi_{cu} = (s_u/p)\sigma_c \tag{9.24}$$

過圧密域も含めて σ_c に対応する CU 強度を UU 強度として考えることになる（**$\phi=0$ 法**，9.3.1 参照）。

　② **有効応力法**：圧密圧力 σ_c から破壊時に発生する間隙水圧 u_d（ダイレイタンシーによる）を差し引いた破壊時の有効応力 σ' と強度定数 $[c', \phi']$ を用いて，次式で求める方法である。

$$\tau_f = c' + \sigma' \tan\phi' = c' + (\sigma_c - u_d)\tan\phi' \tag{8.14}$$

　両者は τ_f をどう表現するか（強度定数を使うか）の違いであり，**図-9.21** 中の○と●で示すように本来，両者の τ_f は等しい。

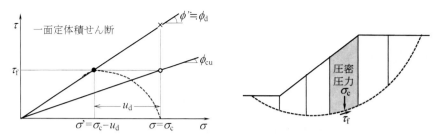

図-9.21 全応力法と有効応力法の違い

　一見，有効応力法の方が理論的に整然としているように思えるが，実斜面が破壊する際に発生する間隙水圧 u_d を推定することがほとんど不可能であるので，CU条件では有効応力法は事実上適用できない。$u_d=0$ として無視した場合（誤った有効応力法）は，$[c', \phi'] \fallingdotseq [c_d, \phi_d]$ であるので，CU条件に対してCD強度を用いることになり（**図-9.21**中の×），せん断強さを過大に見積もり，危険側の設計となることを忘れてはならない。非排水条件では全応力法が一般に適用される。

　さらに，排水条件全体を包括する次の**一般全応力法**の適用が最適である。

9.7.4　一般全応力法の適用方法

　第8章の**表-8.3**に示したせん断試験における3つの排水条件，非圧密非排水(UU)，圧密非排水(CU)，圧密排水(CD)の各条件に対する強度線を**図-9.22**に再掲する（8.3.6参照）。これは粘土の一面せん断試験結果として示しているが，三軸圧縮試験でも圧密圧力 σ とせん断強さ τ_f の関係にまとめれば，同様の関係となる（8.5.4参照）。三笠 [4),5)] は，現場で起こり得る最も危険な（最も弱くなる）排水条件に対応した応力履歴と排水条件の下でせん断試験を行い，安定計算は得られた全応力に基づく強度定数を用いて行うことを提案している。すなわち，破壊に至る時間に制限がない場合には，**図-9.22**に対して，

　　① $\sigma \le \sigma_{nd}$ ：圧密排水(CD)強度

　　② $\sigma_{nd} < \sigma \le p_c$ ：圧密非排水(CU)強度

　　③ $p_c < \sigma$ ：非圧密非排水(UU)強度

を用いて行うというものである。この方法は $\phi=0$ 法による短期安定問題（③のケース）や過圧密粘土斜面の長期安定問題（①のケース）なども包含し，種々のケースに広く適用できることから，**一般全応力法**と呼ばれており，通常の $\phi=0$ 法（通常の全応力法）と区別している。もちろん破壊に至る時間に制約があれば，それに応じた排水条件を用いるべきで，例えば地震時にはほとんどの土が非排水条件となる。

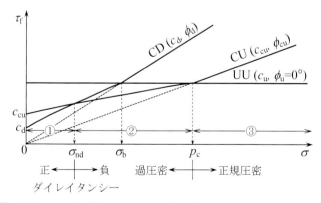

図-9.22　せん断試験における3種類の排水条件に対する強度線 [4)]

9.7.5　斜面安定計算での排水条件と強度定数

先の一般全応力法を踏まえて，斜面安定計算での安全率を計算する場合に用いるべき強度定数 $[c, \phi]$ は，土質と現場条件に合わせて次のように選ぶ。

(1)　砂・礫地盤

基本的に，排水(CD)条件の $[c_d, \phi_d]$ を用い，式(9.13)または式(9.14)を適用すればよい（c, ϕ は c_d, ϕ_d に置き換える）。または $[c_d, \phi_d]$ の代わりに $[c', \phi']$ を用いてよい。ただし，地下水位以下の緩い砂の地震時の液状化に対しては非排水条件も想定する。

$$F_s = \frac{\sum (W_i \cos\alpha_i \tan\phi_i + c_i l_i)}{\sum W_i \sin\alpha_i} \tag{9.13}$$

$$F_s = \frac{\sum \{(W_i \cos\alpha_i - ul)\tan\phi_i + c_i l_i\}}{\sum W_i \sin\alpha_i} \tag{9.14}$$

(2)　粘土地盤（8.6.1参照）

① 盛土・切土直後（短期安定問題）：図-9.23(1)の B 点の UU 強度（$\phi_u=0°$ に応じた非排水せん断強さ s_u）を適用する。ただし，過圧密粘土であれば，過圧密域の C 点の $[c_{cu}, \phi_{cu}]$ による CU 強度を UU 強度として適用する。

② 盛土後長時間経過（長期安定問題）：盛土による圧密を見込んで，図-9.23(1)の A 点の $[c_{cu}=0, \phi_{cu}]$ による CU 強度を UU 強度として適用する。

③ 掘削後長時間経過（長期安定問題）：過圧密化するので，図-9.23(1)の C 点の $[c_{cu}, \phi_{cu}]$ による CU 強度を適用する。ただし，掘削による除荷荷重が大きく，σ_{nd} 以下となれば，D 点の $[c_d, \phi_d]$ または $[c', \phi']$ による CD 強度を適用する。

いずれにしても，粘土地盤ではすべり面上の垂直応力 σ_n（垂直力 $N=W\cos\theta$）を取る必要はなく，図-9.23(2)に示すようにすべり面上の圧密圧力 p（有効土被り圧）に応じて非排水または排水のせん断強さ s_u を取って，フェレニウス法では式(9.15)で安全率 F_s を算定すればよい。

$$F_s = \frac{\sum s_{ui} l_i}{\sum W_i \sin\alpha_i} \tag{9.15}$$

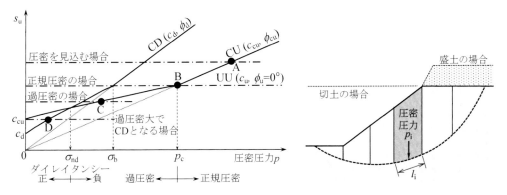

(1) 3種類の排水条件に対する強度の取り方　　　(2) 盛土斜面と切土斜面

図-9.23　粘土斜面地盤での強度の取り方

9.8 斜面災害（土砂災害）の実態

9.8.1 土砂災害の種類

　日本は山地が多く，年間降水量が多い（梅雨，台風，ゲリラ豪雨）ため，残念ながら毎年，斜面災害が多く発生している。ただし，斜面災害は地震や火山活動によっても生じる。

　斜面災害は，一般に「**土砂災害**」と呼ばれており，**土石流**，**地すべり**，**がけ崩れ（急傾斜地崩壊）**の 3 種類に分類されている。

(1) 土石流（図-9.24参照）

　長雨や集中豪雨などによって，山腹，川底の石や土砂が水と一緒に一気に下流へと押し流される現象である。流速 20〜40km/h で下るので，一瞬のうちに人家や畑などを壊滅させ，大きな被害となる。

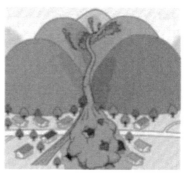

図-9.24　土石流の例とイメージ

(2) 地すべり（図-9.25参照）

　斜面が地下水の影響と重力によってゆっくりと移動する現象である。斜面勾配が 30°以下で，すべり面を呈する。移動する土砂塊量が大きいので，甚大な被害を及ぼす。一旦動き出すとこれを完全に停止させることは非常に困難となる。ぜい弱な地質，梅雨・台風などの豪雨などで発生する。地すべりが起こる斜面では何度も繰返し発生（再動）することが多く，地すべり地と言われる。

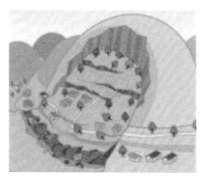

図-9.25　地すべりの例とイメージ

(3) がけ崩れ（急傾斜地崩壊）（図-9.26参照）

　斜面勾配 30°以上の急傾斜の土地が雨や地震などによって急激に崩れ落ちる現象である。斜面の一部あるいは全体が比較的早い速度（数 10km/s）で滑り落ち，突発的に人家近隣で発生するので，死者の割合が高い。大規模すると，土石流に転移する。ただし，地すべりのように再動を繰り返すことは少ない。

　なお，がけ崩れと地すべりは比較的似た災害であるが，その現象の違いを**表-9.1**に示す[7]。

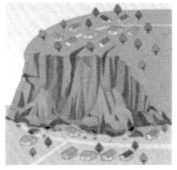

図-9.26　がけ崩れの例とイメージ

表-9.1　がけ崩れと地すべりの違い[7]

項目	がけ崩れ	地すべり
概要	勾配 30°以上 土塊量少ない 移動速度大きい	勾配 30°以下 すべり面あり 移動速度小さい
発生運動	突発的 高速 移動土塊は撹乱	地表面や後続物に亀裂 0.01〜10mm/日程度 初生地すべりは移動速度が速い 一部が流動化し，土石流へ 原形を保つ，再発する（復活地すべり）
現象の規模	平均崩壊幅 17.1m 平均崩壊高 14.5m 平均崩壊深 1.3m 平均崩壊土量 418m³ 崩壊土砂の到達範囲は崩壊高さの 2 倍内に 97%，最高 50m まで	平均地すべり幅 200〜270m 平均地すべり長さ 300〜360m 平均地すべり層厚 18m 平均移動土塊量 100 万 m³
法律	傾斜度 30°以上である土地が崩壊する自然現象	土地の一部が地下水などに起因してすべる自然現象またはこれに伴って移動する自然現象

(4) 地すべりの原因

地すべりの原因は，次の素因と誘因に分けることができる。

素因：生じる現象の背景にある要素，現象の範囲や規模に関係する。例：地形，地質，植生

誘因：現象が生じるきっかけとなる要素，現象の発生時期や規模に関係する。例：降雨，地震，人為作用（斜面の人為的な改変）

また，斜面が不安定化するものとして，斜面が**図-9.27** に示す**流れ盤**（斜面傾斜と地層傾斜が一致している地盤）となっていることも素因として挙げられる。受け盤に比べて流れ盤はすべり易い。

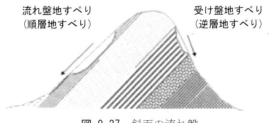

図-9.27　斜面の流れ盤

9.8.2　土砂災害の過去の発生件数

　図-9.28 に過去 17 年間の 3 種類別の土砂災害の発生件数を示す[7]。残念ながら毎年平均して 1,400 件の土砂災害が発生している。中でもがけ崩れの件数が多いことが分かる。図内には特に被害が多かった災害名を入れているが，特に H30（2018）年は西日本豪雨を呼ばれた 7 月豪雨で，平成時代の最悪の被害となった。令和時代に入っても必ずしも件数は減っていない。

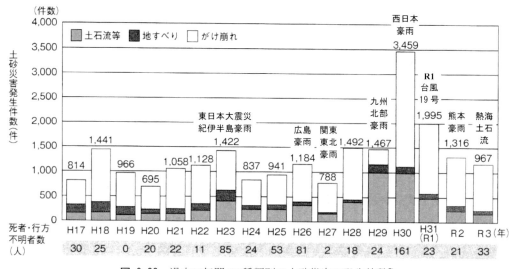

図-9.28　過去17年間の3種類別の土砂災害の発生件数[7]

9.8.3　土砂災害対策

(1)　土砂災害警戒情報

　土砂災害警戒情報とは，大雨警報（土砂災害）の発表後に命に危険を及ぼす土砂災害がいつ発生してもおかしくない状況となったときに，市町村長の避難指示の発令判断や住民の自主避難の判断を支援するよう，対象となる市町村を特定して警戒を呼びかける情報である。**図-9.29** に示す 5 段階のレベルを都道府県と気象庁が共同で発表している。警戒レベル 4 までには住民は必ず避難，警戒レベル 5 では特別警報（災害が既に発生している）が発令される。

色が持つ意味	状況	住民等の行動の例※1	内閣府のガイドラインで発令の目安とされる避難情報	相当する警戒レベル
災害切迫 大雨特別警報（土砂災害）の危険度に用いる基準に東況で到達	命に危険が及ぶ土砂災害が切迫。土砂災害がすでに発生している可能性が高い状況。	(立退き避難がかえって危険な場合) 命の危険 直ちに身の安全を確保！	緊急安全確保※2	**5**相当
\<警戒レベル4までに必ず避難！\>				
危険 2時間先までに土砂災害警戒情報の基準に到達すると予想	命に危険が及ぶ土砂災害がいつ発生してもおかしくない状況。	土砂災害警戒区域等の外へ避難する。	避難指示	**4**相当
警戒 2時間先までに警報基準に到達すると予想	土砂災害への警戒が必要な状況。	高齢者等は土砂災害警戒区域等の外へ避難する。 高齢者等以外の方も、普段の行動を見合わせ始めたり、避難の準備をしたり、自ら避難の判断をする。	高齢者等避難	**3**相当
注意 2時間先までに注意報基準に到達すると予想	土砂災害への注意が必要な状況。	ハザードマップ等により避難行動を確認する。今後の情報や周囲の状況、雨の降り方に留意する。	—	**2**相当
今後の情報等に留意	—	今後の情報や周囲の状況、雨の降り方に留意する。	—	—

図-9.29　土砂災害警戒情報[8]

(2) ハード対策

土石流対策：発生源を抑える山腹工，砂防堰堤，流れを補足する砂防堰堤，安全に流す渓流保全工

地すべり対策：抑制工(地形，地下水などの状態を変化させて，地すべりの動きを停止または緩和させる工事)，抑止工（構造物の持つ抵抗力を利用して，地すべり運動の一部または全部を止める工事）

がけ崩れ対策：法枠工，擁壁工（急斜面崩壊の防護工）

大規模盛土造成地：3,000m² 以上の谷埋め盛土，腹付け盛土の分布マップを自治体が公表することになっている（51,306 箇所，10 万 ha）。今後，安全性確認，予防対策へ進む予定。

盛土規制：2021 年 7 月 3 日の熱海市伊豆山での土石流は，違法な盛土が原因であったことから，宅地造成及び特定盛土等規制法（略称：盛土規制法）が創設された。

(3) ソフト対策

ハード対策だけでは限界があるので，住民の命を土砂災害から守るには，まずは自分の命は自分で守ることが基本となる。そのために行政として何を手伝いできるかが課題となっている。

まず，「どこが危ないか」：事前に土砂災害危険箇所の調査，ハザードマップの作成が重要。

次に，「いつ危ないか」：豪雨による土砂災害は，雨量を指標に警戒避難へ。

(4) 土砂災害対策の新たな課題[7]

これまでの土砂災害を経験して以下のような新たな課題があがってきた。

1) 深層崩壊

すべり面が表層崩壊よりも深部で発生し，表土だけでなく，深層の地盤まで崩壊する大規模な斜面崩壊現象が生じるようになった。今後，特に危険度が高い地域ではハード・ソフト対策が推進される。

2) 河道閉塞（天然ダム）

地すべりや大規模な斜面崩壊によって河道が閉塞され，上流側に流水が貯留され湖水が形成され，天然のダムとなる現象が生じるようになった。河道閉塞はそのまま残る場合もあるが，背後の湖水が満杯となって越流して天然ダムが決壊する場合には二次災害が発生する。

3) 警戒避難（伊豆大島・広島・西日本豪雨・R1 台風 19 号）

想定をはるかに上回る降雨が深夜に降ったことによって，避難が間に合わずに災害が発生した。特に2018 年西日本豪雨，2019 年台風 19 号災害では，被災前に土砂災害警戒情報が出され，避難勧告も出ていたが，避難した人はわずかであった。

4) 地震による土砂移動現象（熊本地震・北海道胆振東部地震）

地震によって大規模な地すべり，土石流，がけ崩れのような土砂移動現象が多数発生した。その後の降雨でも崩壊が拡大し，新たに複合的な被害も発生した。

5) 流木災害（2017 年九州北部豪雨）

福岡・大分県で大量の降雨が多数の山腹崩壊をおこし，多量の土砂と流木が河川を堰き止め，氾濫を拡大させた。新設の砂防堰堤では流木を捕捉する施設の設置，既設の砂防堰堤では捕捉効果を高める改良を行うこととなった。

6) 土砂・洪水氾濫

大量の土砂が運搬，堆積し，河床上昇，河道埋塞が生じるようになった。近年の記録的な豪雨によって，同時多発的に斜面崩壊や土石流が発生し，一度に大量の土砂が流水とともに河道内に供給され，土砂・洪水氾濫が頻発するようになった。

演習9.1　下図に示すような傾斜角$\beta=30°$の無限斜面がある。地表面下5mまでが砂質土となっており，地表面下2mに地下水面があり，斜面に平行な定常浸透流がある。以下の問いに答えよ。

(1) この斜面のすべりに対する安全率F_sを求めよ。

(2) 梅雨時に砂質土内の地下水位が地表面まで上昇した場合の安全率F_sを求めよ。

(3) (2)の状態では危険なので，安全率F_sを1.25まで上げるためには地下水位を何m下げればよいかを求めよ。

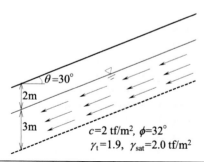

$\theta=30°$
2m
3m
$c=2\ tf/m^2,\ \phi=32°$
$\gamma_t=1.9,\ \gamma_{sat}=2.0\ tf/m^2$

演習9.2　下図に示す飽和粘土地盤を傾斜角$\beta=35°$で掘削したところ，深さ10mまで掘削した直後に粘土斜面がすべり破壊した。テイラーの安定図表を用いて，粘土地盤の非排水せん断強さs_uを求めよ。

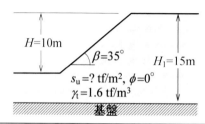

$H=10m$
$\beta=35°$
$H_1=15m$
$s_u=?\ tf/m^2,\ \phi=0°$
$\gamma_t=1.6\ tf/m^3$
基盤

演習9.3　正規圧密状態にある粘土地盤上に盛土を急速施工する計画があり，下図に示すような円弧すべり面を想定している。一面定体積せん断試験から強度定数 [$c_{cu}=0$, $\phi_{cu}=20°$]，[$c_1'=0$, $\phi_1'=27°$]，$s_u=1.89\ tf/m^2$を得た。以下の問いに答えよ。

(1) 円弧すべりに対する安全率$F_s\geqq1.15$を確保できる最大の傾斜角βをテイラーの安定図表を用いて求めよ。

(2) (1)で求めた傾斜角βで盛土施工後に十分な時間が経過して粘土地盤の圧密が完了したとき，図中のA点における非排水せん断強さの増分をオスターバーグの図表を用いて求めよ。

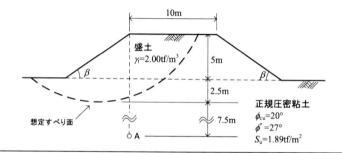

10m
盛土
$\gamma=2.00tf/m^3$
β
5m
β
2.5m
7.5m
想定すべり面
A
正規圧密粘土
$\phi_{cu}=20°$
$\phi'=27°$
$S_u=1.89tf/m^2$

演習9.4 下図に示す砂地盤の斜面（$\gamma_t=1.9\,\mathrm{tf/m^3}$, $\phi_d=28°$, $c_d=0.5\,\mathrm{tf/m^2}$）がある。以下の条件で，図内の円弧すべり破壊を想定した場合の安全率F_sを求めよ。なお，図のb, h, αはそれぞれスライスの横幅，高さ，すべり面角度である。

(1) 斜面内に地下水位がない場合

(2) 図内の破線で示す位置に地下水位がある場合（$\gamma_{sat}=2.0\,\mathrm{tf/m^3}$），なお，水位は図から読み取り，スライスの円弧長さは**演習9.5**の図の中心角から求めよ。

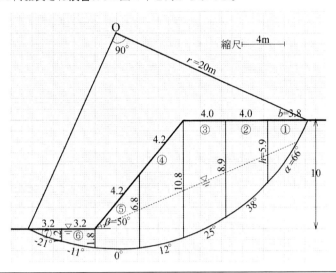

演習9.5 下図に示す**演習9.4**と同じ寸法の正規圧密粘土地盤の斜面（$\gamma_{sat}=1.8\,\mathrm{tf/m^3}$, $\phi_{cu}=18.5°$, $c_{cu}=0\,\mathrm{tf/m^2}$）がある。図内の円弧すべり破壊を想定した場合の安全率F_sを求めよ。ただし，粘土斜面は飽和状態にあるとする。また，粘土スライス中央位置の有効土被り圧（$p_i=W_i/l_i$）からs_uを求めよ。

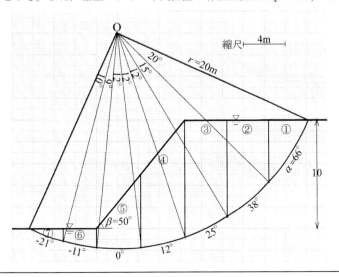

演習9.6 非排水（CU），排水（CD）条件における全応力法と有効応力法の違いを説明せよ。

引用文献

1) Taylor, A. W. : Fundamentals of Soil Mechanics, John & Wiley。Sons, pp.441-452, 1948.

2) A.Oshima, N.Takada and M.Mikasa : Strength anisotropy of clay in slope stability, Balkema, Centrifuge 91, pp.591-598, 1991.

3) 地盤工学会, 地盤の変形解析 －基礎理論から応用まで－, pp.24-25, 2002.

4) 三笠正人：粘土の強度の考え方について －c', ϕ'解析法の批判を中心として－, 土と基礎, Vol.11, No.3, pp.31-47, 1963.

5) 三笠正人：土の力学における 2 つの視点について, 土質力学展望 －全応力法と有効応力法によるアプローチ－, 土質工学会関西支部講話会, pp.19-33, 1978.

6) 望月秋利・三笠正人：フィルダムの安定解析法 －一般全応力法と有効応力法の比較－, 土と基礎, Vol.32, No.4, pp.19-26, 1984.

7) 日本防災士機構：防災士教本［2022 年度版］, pp.54-67, 2022.

8) 気象庁：https://www.jma.go.jp/jma/kishou/know/bosai/doshakeikai.html

例題の解答

例題 7.1

集中荷重による鉛直応力増分 $\Delta\sigma_z$ は，式(7.1)より，　$\Delta\sigma_z = \dfrac{3Pz^3}{2\pi R^5}$

よって，3点ごとの $\Delta\sigma_z$ は以下となり，合計から $\Delta\sigma_z = 0.396$ tf/m²

点	P (tf)	R (m)	z (m)	$\Delta\sigma_{zB}$
A	20	11.18	5	0.0068
B	20	5.0	5	0.3820
C	20	11.18	5	0.0068

例題 7.2

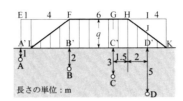

まず，盛土荷重は $q = 2.0$ tf/m³×5m $= 10$ tf/m² となる。

次に，図内にE～LおよびA'～D'の点を書き入れると，オスターバーグ図表から影響値 I を求めれば，点A～Dの鉛直応力増分 $\Delta\sigma_z$ は以下のように求められる。

点A：I(EA'KH)$=0.5$（$a/z=4/1$, $b/z=11/1$ より），I(EA'LF)$=0.483$（$a/z=4/1$, $b/z=1/1$ より），
　　　よって，$\Delta\sigma_{zA}=(I(\text{EA'KH})-I(\text{EA'LF}))\cdot q=(0.5-0.483)\cdot 10=0.17$ tf/m²

点B：I(FLB')$=0.355$（$a/z=4/2$, $b/z=0/2$ より），I(FB'KH)$=0.496$（$a/z=4/2$, $b/z=6/2$ より），
　　　よって，$\Delta\sigma_{zB}=(I(\text{FLB'})+I(\text{FB'KH}))\cdot q=(0.496+0.355)\cdot 10=8.51$ tf/m²

点C：I(LFGC')$=0.48$（$a/z=4/3$, $b/z=4.5/3$ より），I(GC'KH)$=0.412$（$a/z=4/3$, $b/z=1.5/3$ より），
　　　よって，$\Delta\sigma_{zC}=(I(\text{LFGC'})+I(\text{GC'KH}))\cdot q=(0.48+0.412)\cdot 10=8.92$ tf/m²

点D：I(LFID')$=0.485$（$a/z=4/5$, $b/z=8/5$ より），I(JD'K)$=0.125$（$a/z=2/5$, $b/z=0/5$ より），I(HJI)$=0.125$（$a/z=2/5$, $b/z=0/5$ より），
　　　よって，$\Delta\sigma_{zD}=(I(\text{LFID'})+I(\text{JD'K})-I(\text{EGB'A'}))\cdot q=(0.485)\cdot 10+(0.125-0.125)\cdot 5=4.85$ tf/m²

例題 7.3

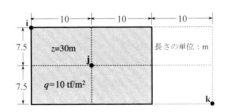

(1) $\Delta\sigma_z=q\cdot f_B(m,n)=q\cdot I$

　　点i：$I=f_B(20/30, 15/30)=f_B(0.67, 0.5)$

　　点j：$I=4\cdot f_B(10/30, 7.5/30)=f_B(0.33, 0.25)$

　　点k：$I=f_B(30/30, 15/30)-f_B(10/30, 15/30)=f_B(1.0, 0.5)-f_B(0.33, 0.50)$

　　各 m, n に対してニューマークの図表から I を読み取る。

点	m	n	I	q (tf/m²)	$\Delta\sigma_z$ (tf/m²)
i	0.67	0.50	0.10	10	1.0
j	0.33	0.25	4×0.035	10	1.4
k	1.0, 0.33	0.50, 0.50	$0.12-0.06$	10	0.6

(2) 各点の $z=30$m位置の有効土被り圧は，$1.7\times 2+1.0\times 28=31.4$ tf/m²

　　よって，点i：$31.4+1.0=32.4$ tf/m²

　　　　　　点j：$31.4+1.4=32.8$ tf/m²

　　　　　　点k：$31.4+0.6=32.0$ tf/m²

例題 7. 4

式(7.15)より，鉛直応力増分$\Delta\sigma_z$は以下のように求められる。

$$\Delta\sigma_z = 10\left\{1 - \frac{5^3}{(3^2+5^2)^{3/2}}\right\} = 10\cdot 0.369 = 3.69\,\text{tf/m}^2$$

例題 7. 5

＜$\alpha=30°$の場合＞

式(7.16)より，鉛直応力増分$\Delta\sigma_z$は以下のように求められる。

$$\Delta\sigma_z = \frac{qBL}{(B+2z\tan\alpha)(L+2z\tan\alpha)} = \frac{10\times 3\times 6}{(3+2\times 5\tan 30°)(6+2\times 5\tan 30°)} = \frac{180}{8.77\times 11.77} = 1.74\,\text{tf/m}^2$$

＜$\tan\alpha=1/2$の場合＞

式(7.17)より，鉛直応力増分$\Delta\sigma_z$は以下のように求められる。

$$\Delta\sigma_z = \frac{qBL}{(B+z)(L+z)} = \frac{10\times 3\times 6}{8\times 11} = 2.05\,\text{tf/m}^2$$

例題 8. 1

σとτ_fをグラフ上にプロットすると，以下のようになる。

この結果から，強度定数c，ϕは，$c=0.2\text{kgf/cm}^2$（$c=20\text{kN/m}^2$），$\phi=35°$となる。

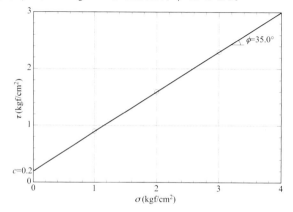

例題 8. 2

σ_c，σ_fとτ_fをグラフ上にプロットすると，以下のようになる（破線は参考値）。

この結果から，強度定数c_d，ϕ_dは，$c=0.2\text{kgf/cm}^2$，$\phi=36.3°$となる。

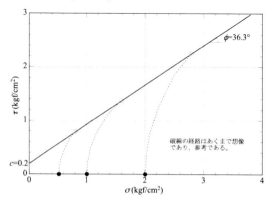

例題 8. 3

σ_c，σ_fとτ_fの関係をグラフ上にプロットすると，以下のようになる（破線は参考値）。

この結果から，正規圧密域：$\phi_{cu}=18.4°$，$\phi_1'=32.0°$，過圧密域：$c_{cu}=0.25\text{kgf/cm}^2$，$\phi_{cu}=8.0°$，$c_1'=0.2\text{kgf/cm}^2$，$\phi_1'=19.3°$
また，$p_c=1.5\text{ kgf/cm}^2$，$\sigma_{nd}=0.4\text{ kgf/cm}^2$，$s_u/p=0.333$となる。

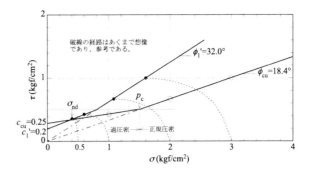

例題8.4

応力-ひずみ関係をグラフ上にプロットすると，以下のようになる。

この結果から，$q_u=1.0\,\text{kgf/cm}^2$，$s_u=0.5\,\text{kgf/cm}^2$，$E_{50}=0.5/0.01=50.0\,\text{kgf/cm}^2$となる。

$E_{50}=210\,s_u$は$105\,\text{kgf/cm}^2$となるので，この粘土はやや乱れていると判断される。

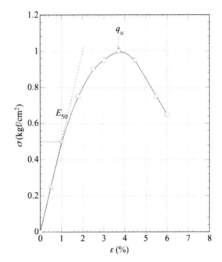

例題8.5

式(8.9)に2倍角の公式 $\cos 2\alpha = 2\cos^2\alpha - 1 = 1 - 2\sin^2\alpha$，$\sin 2\alpha = 2\sin\alpha\cos\alpha$ を導入すると，

$$\sigma_\alpha = \sigma_1 \frac{1+\cos 2\alpha}{2} + \sigma_3 \frac{1-\cos 2\alpha}{2}$$

$$\tau_\alpha = \frac{\sigma_1}{2}\sin 2\alpha - \frac{\sigma_3}{2}\sin 2\alpha$$

よって，式(8.10)が誘導される。

$$\sigma_\alpha = \frac{\sigma_1+\sigma_3}{2} + \frac{\sigma_1-\sigma_3}{2}\cos 2\alpha$$

$$\tau_\alpha = \frac{\sigma_1-\sigma_3}{2}\sin 2\alpha \tag{8.10}$$

次に，式(8.10)において $\sigma_\alpha - \dfrac{\sigma_1+\sigma_3}{2} = \dfrac{\sigma_1-\sigma_3}{2}\cos 2\alpha$ とし，τ_αの式とともに両辺を2乗して加算すると，

$$\left(\sigma_\alpha - \frac{\sigma_1+\sigma_3}{2}\right)^2 + \tau_\alpha^2 = \left(\frac{\sigma_1-\sigma_3}{2}\right)^2\cos^2 2\alpha + \left(\frac{\sigma_1-\sigma_3}{2}\right)^2\sin^2 2\alpha$$

両式を2乗して加算し，$\sin^2 2\alpha + \cos^2 2\alpha = 1$を考慮すれば，式(8.11)の円の方程式が得られる。

$$\left(\sigma_\alpha - \frac{\sigma_1+\sigma_3}{2}\right)^2 + \tau_\alpha^2 = \left(\frac{\sigma_1-\sigma_3}{2}\right)^2 \tag{8.11}$$

例題 8.6

全応力（実線）と有効応力（破線）のモール円を描くと，以下のようになる。

この結果から，$c_{cu}=0$ kgf/cm^2，$\phi_{cu}=21.3°$，$s_u/p=0.390$，$c'=0$ kgf/cm^2，$\phi'=30.5°$となる。

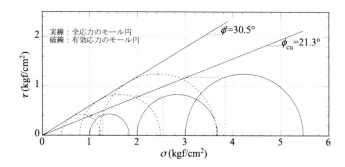

例題 8.7

モール円を描くと，以下のようになるので，$c_d=0$ kgf/cm^2，$\phi_d=36.0°$となる。

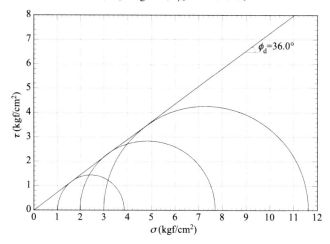

例題 9.1

すべり土塊ABCの自重Wを求める（奥行き1m当たり）。

BC=5/tan35°−5/tan45°=7.14−5=2.14m

よって，$W=1/2\cdot\gamma_t\cdot H\cdot BC=1/2\cdot1.8\cdot5\cdot2.14=9.63$ tf/m

すべり面の長さは l=AC=5/sin35°=8.71m

これらを式(9.1)に代入すれば，安全率F_sは以下となる。

$$F_s = \frac{cl}{W\sin\theta} + \frac{\tan\phi}{\tan\theta} = \frac{2\cdot2.14}{9.63\cdot\sin35} + \frac{\tan35}{\tan35} = 1.77$$

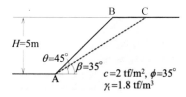

例題 9.2

まず，地下水以下は，$\gamma'=\gamma_{sat}-\gamma_w=1.9-1.0=0.9$ tf/m^2

(1) 式(9.5)より，

$$F_s = \frac{(\gamma_t\cdot H_1+\gamma'\cdot H_2)\tan\phi}{(\gamma_t\cdot H_1+\gamma_{sat}\cdot H_2)\tan\theta} + \frac{c}{(\gamma_t\cdot H_1+\gamma_{sat}\cdot H_2)\sin\theta\cos\theta}$$

$$= \frac{(1.8\cdot2+0.9\cdot2)\tan30°}{(1.8\cdot2+1.9\cdot2)\tan25°} + \frac{2}{(1.8\cdot2+1.9\cdot2)\sin25°\cos25°}$$

$$= \frac{3.12}{3.45} + \frac{2}{2.83} = 1.61$$

(12) 式(9.5)より，

$$F_s = \frac{\gamma'\tan\phi}{\gamma_{sat}\tan\theta} + \frac{c}{\gamma_{sat}\cdot z\sin\theta\cos\theta} = \frac{0.9\tan30°}{1.9\tan25°} + \frac{2}{1.9\cdot4\sin25°\cos25°} = \frac{0.52}{0.89} + \frac{2}{2.91} = 1.27$$

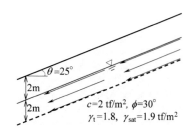

例題9.3

まず，深さ係数$n_d=6/4=1.5$，$\beta=30°$なので，**図-9.8**のテイラーの図表より
破壊モードは底部破壊となる。

テイラーの図表の●のプロットから，安定係数$N_s=6.1$となる。

よって，限界高さH_sは，式(9.11)より，

$$H_c = N_s \frac{s_u}{\gamma_t} = 6.1 \frac{2}{1.6} = 7.63\,\text{m}$$

よって，安全率F_sは以下となる。

$$F_s = \frac{H_c}{H} = \frac{7.63}{6} = 1.27$$

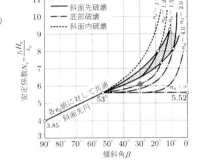

例題9.4

図-9.8のテイラーの図表より，$\beta=90°$に対する安定係数は$N_s=3.85$となる。
式(9.11)より，非排水せん断強さ$s_u=2.5\,\text{tf/m}^2$で破壊しない掘削溝の深さH_c
は以下となる。

$$H_c = s_u \cdot N_s / \gamma_t = 2.5 \cdot 3.85 / 1.65 = 5.75\,\text{m}$$

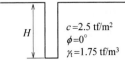

$c=2.5\,\text{tf/m}^2$
$\phi=0°$
$\gamma_t=1.75\,\text{tf/m}^3$

例題9.5

式(9.13)の $F_s = \dfrac{\sum (W_i \cos\alpha_i \tan\phi_i + c_i l_i)}{\sum W_i \sin\alpha_i}$ を用いて，以下の表のように計算される。

スライス番号	面積(m²)	W_i (tf/m)	α_i(°)	$\sin\alpha_i$	$\cos\alpha_i$	$W_i\sin\alpha_i$ (tf/m)	$W_i\cos\alpha_i$ $\tan\phi$ (tf/m)	l (m)	cl (tf/m)
①	1.5×2.2/2=1.65	3.14	52	0.788	0.616	2.47	1.12		
②	1.75×(2.0+2.2)/2=3.67	6.97	33	0.546	0.839	3.81	3.37	$2\pi r 69/360$	4.22
③	1.75×(2.0+1.1)/2=2.71	5.15	18	0.309	0.951	1.59	2.83		
④	1.5×1.1/2=0.83	1.58	4	0.070	0.998	0.11	0.91		
合計						7.98	8.23	8.43	4.22

$$\therefore F_s = (8.23+4.22)/7.98 = 1.56$$

著者略歴

1980年3月　大阪市立大学工学部土木工学科卒業

1982年3月　大阪市立大学大学院工学研究科土木工学専攻前期博士課程修了

1988年3月　大阪市立大学大学院工学研究科土木工学専攻後期博士課程単位取得退学

1988年4月　大阪市立大学工学部土木工学科助手

1997年9月　大阪市立大学博士(工学)取得

1998年4月　大阪市立大学工学部土木工学科講師，その後，助教授を経て

2011年4月　大阪市立大学大学院工学研究科都市系専攻教授

2023年4月　大阪公立大学名誉教授，同大学都市科学・防災研究センター特任教授

　　　　　　現在に至る

研究分野

・大阪・神戸地域における 250m メッシュ浅層地盤モデルの構築とその応用に関する研究

・地盤・地下水環境の保全のための地下水位低下による沈下予測と液状化対策に関する研究

・戸建住宅の地盤調査方法と基礎工法・地盤改良に関する研究

・粘土の圧密特性と圧密解析に関する研究

OMUP

大阪公立大学出版会（OMUP）とは

本出版会は、大阪の5公立大学－大阪市立大学、大阪府立大学、大阪女子大学、大阪府立看護大学、大阪府立看護大学医療技術短期大学部－の教授を中心に2001年に設立された大阪公立大学共同出版会を母体としています。2005年に大阪府立の4大学が統合されたことにより、公立大学は大阪府立大学と大阪市立大学のみになり、2022年にその両大学が統合され、大阪公立大学となりました。これを機に、本出版会は大阪公立大学出版会（Osaka Metropolitan University Press「略称：OMUP」）と名称を改め、現在に至っています。なお、本出版会は、2006年から特定非営利活動法人（NPO）として活動しています。

About Osaka Metropolitan University Press（OMUP）

Osaka Metropolitan University Press was originally named Osaka Municipal Universities Press and was founded in 2001 by professors from Osaka City University, Osaka Prefecture University, Osaka Women's University, Osaka Prefectural College of Nursing, and Osaka Prefectural Medical Technology College. Four of these universities later merged in 2005, and a further merger with Osaka City University in 2022 resulted in the newly-established Osaka Metropolitan University. On this occasion, Osaka Municipal Universities Press was renamed to Osaka Metropolitan University Press（OMUP）. OMUP has been recognized as a Non-Profit Organization（NPO）since 2006.

土質力学 II

2024 年 3 月 31 日　初版第 1 刷発行

著　者　　大島　昭彦

発行者　　八木　孝司

発行所　　大阪公立大学出版会（OMUP）
　　　　　〒599-8531 大阪府堺市中区学園町 1 - 1
　　　　　大阪公立大学内
　　　　　TEL 072（251）6533　FAX 072（254）9539

印刷所　　和泉出版印刷株式会社